U0310940

华东交通大学教材（专著）基金资助项目

基于机器学习的
行为识别技术研究

RESEARCH ON ACTION RECOGNITION
BASED ON MACHINE LEARNING

涂宏斌 岳艳艳 著

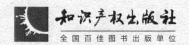

知识产权出版社
全国百佳图书出版单位

图书在版编目（CIP）数据

基于机器学习的行为识别技术研究 / 涂宏斌，岳艳艳著 .

——北京：知识产权出版社，2016.9

ISBN 978-7-5130-4459-2

Ⅰ.①基… Ⅱ.①涂…②岳… Ⅲ.①机器学习—研究

Ⅳ.①TP181

中国版本图书馆 CIP 数据核字 (2016) 第 236804 号

内容提要

本书以智能视频分析为中心内容。全书共分为 6 章：第 1 章概述人体行为识别的研究背景和意义，介绍目前国内外的发展现状，指出主要难点和发展趋势；第 2 章详细介绍人体多目标跟踪方法的研究现状，包括其相关研究、当前主要采用的方法、尚存在的研究难点以及将来可能的研究方向；第 3 章提出人体运动特征的提取方法；第 4 章介绍简单歧义行为识别；第 5 章提出人体交互复杂行为的识别方法；第 6 章对全书进行总结，并对以后的就业方向做出规划。

责任编辑：李石华

基于机器学习的行为识别技术研究
JIYU JIQI XUEXI DE XINGWEI SHIBIE JISHU YANJIU

涂宏斌　岳艳艳　著

出版发行：知识产权出版社 有限责任公司		网　　址：http://www.ipph.cn
		http://www.laichushu.com
电　　话：010-82004826		
社　　址：北京市海淀区西外太平庄55号		邮　　编：100081
责编电话：010-82000860转8072		责编邮箱：303220466@qq.com
发行电话：010-82000860转8101/8029		发行传真：010-82000893/82003279
印　　刷：北京中献拓方科技发展有限公司		经　　销：各大网上书店、新华书店及相关书店
开　　本：720mm×1000mm　1/16		印　　张：10
版　　次：2016年9月第1版		印　　次：2016年9月第1次印刷
字　　数：150千字		定　　价：28.00元

ISBN 978-7-5130-4459-2

前　言

　　智能视频监控（Intelligent Video Surveillance）是计算机视觉领域中近几年来备受关注的一个应用领域。为了实现智能监控的智能化，监控系统利用计算机视觉理论对视频图像进行处理、分析和理解。智能视频监控系统可以对各种场景中不同人的行为进行识别，当人出现异常行为时，系统能够以最快方式向相关安全机构发出警报并提供相关的监控信息，从而能够更加有效地协助安保人员处理突发安全事件。基于视觉的人的交互行为识别是计算机视觉领域的一个研究热点，该项技术具备巨大的应用前景和经济价值，涉及的应用领域主要包括：智能交通、视频监控、医疗监控、运动训练、人机交互和虚拟现实等。本书针对智能视频分析这一主题，围绕视频监控中的人体复杂行为识别问题，详细地介绍了其概念、原理和技术方法；针对监控的复杂场景的需求，采用了机器学习、模式识别和计算机视觉中的一些先进技术，探讨了智能监控背景下的运动目标跟踪、运动特征提取和交互行为识别等关键问题，为增强现有的智能视频监控系统的自动化程度和智能处理能力提供强有力的理论支持和技术帮助。本书分为6章：第1章概述了人体行为识别的研究背景和意义，介绍了目前国内外的发展现状，指出了主要难点和发展趋势；第2章详细回顾了人体多目标跟踪方法的研究现状，包括其相关研究、当前主要采用的方法、尚存在的研究难点以及将来可能的研究方向；第3章提出了人体运动特征提取方法；第4

章介绍了简单歧义行为识别；第 5 章提出了人体交互复杂行为识别方法；第 6 章对全书进行总结。

　　本书可以作为从事图像理解、模式识别、机器视觉等相关专业研究人员的参考书，同时对于计算机科学与技术、信息与通信工程、电子科学与技术等专业的研究生和高年级本科生也有一定的参考价值。

　　由于智能视频监控领域的相关技术仍处于不断发展和完善阶段，加之作者水平有限，书中难免存在一些不足之处，敬请读者批评指正。

涂宏斌

2016 年 9 月

目　录

第1章 绪论

1.1 研究背景与意义

1.1.1 研究背景

智能视频监控（Intelligent Video Surveillance）是计算机视觉领域中近几年来备受关注的一个应用领域[1]。为了实现智能监控的智能化，监控系统利用计算机视觉理论对视频图像进行处理、分析和理解[2]。智能视频监控系统可以对各种场景中不同人的行为进行识别，当人出现异常行为时，系统能够以最快的方式向相关安全机构发出警报并提供相关的监控信息，从而能够更加有效地协助安保人员处理突发安全事件[3][4]。

基于视觉的人的交互行为识别是计算机视觉领域的一个研究热点，该项技术具备巨大的应用前景和经济价值，涉及的应用领域主要包括：视频监控、医疗监控、运动训练、人机交互和虚拟现实等。常见应用如下[5][6]。

（1）智能监控系统。传统的视频监控系统的作业过程主要是先由系统对场景进行视频信息录制，然后再由人工对录制的内容进行人工分析。这种方式在监控场景少的情况下尚可应用，一旦在数量巨大的监控视频数据面前，这种高度依赖于相关工作人员的介入的监控系统，单纯依靠人来处理监控内容，一来费时费力，二来也很难构成真正智能化的安全系统，监控结果受人为因素影响很大，会埋下安全隐患。而新一代的计算机智能监控系统要求将计算机视觉技术应用到监控系统中，在技术上不仅要求监控系统能够对视频中的内容进行准确理解，而且还能针对识别出的具有威胁性的行为发出警报，使监控系统具备智能化；在经济上，要求在敏感活动区域内能够实时无人监控，避免配置大量的安保装置和安保人员，从而大大减少了财力和物力上的投入。

（2）基于计算机系统的视频存储和检索。由于视频信息已经成为人们日常生活和娱乐中的主要信息，比如，一般的视频网站，每分钟都会有几十个小时的视频量被上传，因此如何有效地对海量视频进行存储和处理已成为一个亟待解决的难题。

传统的视频检索技术主要依靠用户手工对视频内容进行标注文字或符号加以区别，这种方法常常会因为受到主观影响而导致标注错误。但是如果计算机系统能够自动理解视频内容，那么将会极大地提高检索效率。由于在现实世界中，人是大多数视频监控的主要目标，所以，针对人体复杂行为研究开发出的自动识别系统，将能极大地提高自动标注出人体行为视频的准确性。

（3）智能人机接口。通常在高端用户中，人机接口方式可以更好地实现人和机器之间的交互，而将视觉信息作为其他有效补充信息源导入计算机系统将能实现更加高效的人机交互方式。例如，在训练宇航员的过程中，采用行为识别技术建立辅助训练系统，对受训宇航员的步态、手势和行为等进行分析，能在一定程度上提高训练效率并避免依靠工作人员凭主观经验判断带来的局限性，有助于提高训练质量。

（4）智能家居环境。随着全球社会老龄化的加剧，对老年人的监控状况进行监测和对子女不在身边的老人居住的环境（特别是行为不便的老年人，以及老年人因为健康原因有可能会突然跌倒等异常行为进行无人监控）进行监护的问题，已成为日渐突出的社会问题，如何建立智能的家居环境已经逐渐成为各国研究人员的一个研究和开发的技术热点。该项技术是通过监控系统对需要监护的老人日常行为生活状况进行实时视频监控，对其行为进行自动理解并实时地发现诸如昏迷、晕倒、摔倒和被盗等异常行为，准确实时地向其家人或者医护机构发送报警信号，从而为包括老人、残障人士等特殊群体提供实时有效的监护。

（5）智能行为身份识别。传统的身份鉴别方式大多基于生物特征进行识别，其包含了指纹识别、人脸识别以及虹膜识别，这些技术依赖于人的生理特征。而基于智能行为识别的身份鉴别识别过程不会对行为人的日常活动产生影响。

（6）虚拟现实技术。随着计算机视觉算法和计算机硬件的日益发展，来自现实中的人体行为动作被加入到游戏和动画行业的开发的素材中。此外这些虚拟现实技术还能应用于诸如大型设备培训、危险环境下作业以及其他危险工况下的训练。例如，日本任天堂公司推出了能够识别出游戏玩家手部运动姿态的"Wii sports"游戏手柄，该设备能将玩家的手部运动姿态在游戏中近乎真实地展现，这项技术极大地促进了游戏行业发展。微软公司推出了 Kinect 体感外设设备，该设备利用红外投影结构光对人体进行编码，从而实现对人体各部位的跟踪并能够识别出人体动作。

该项研究具体应用领域如图 1-1 所示。

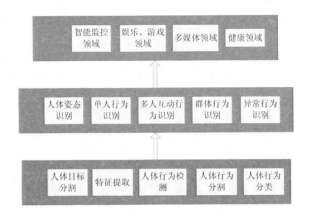

图 1-1　人体行为识别技术应用领域示意图

　　在经济价值上，根据预测[7]，每年行为识别技术在美国的市场增长是 6.7 亿美元，欧洲则是 18.83 亿美元。在目前全球经济衰退的情况下，安全监控行业保持了持续增长。根据 IMS 研究机构统计，CCTV 的视频监控装备在 2012 年需求旺盛，并且今后潜在的设备需求增长率超过 25%，其中网络视频监控技术市场需求率以每年超过 300% 的速度增长。

　　在学术方面，最近 5 年的论文发表数量增长翻了几倍，国际上一些相关的权威期刊[6]如 PAMI（IEEE Transactions on Pattern Analysis and Machine Intelligence）、IJCV（International Journal of Computer Vision）、CVIU（Computer Vision and Image Understanding）和重要的学术会议如 CVPR（IEEE Conference on Computer Vision and Pattern Recognition）和 ECCV（European Conference on Computer Vision）等将人的行为识别与理解研究作为主题内容之一。近年来，该领域逐渐被各国研究结构和研究人员重视，发表的研究成果也在逐年增加。国内外许多研究机构已经在人体行为识别方面展开了广泛深入的研究[1]，国外方面主要有但不限于：法国 INRIA 实验室 LEAR（Learning and Recognition In Vision）研究组、Ivan Laptev 研究组、瑞士 EPFL 实验室 Pascal Fua 研究组、美国 Brown 大学计算机系 Michael J Black 研究组、美国西北大学电气工程与计

算机科学系的计算视觉研究组、美国斯坦福大学计算机系的计算机视觉实验室、加拿大多伦多大学计算机系 C. Sminchisescu 研究组、加拿大西蒙弗雷泽大学视觉与媒体实验室等。同时，国内众多研究机构也在进行人体行为识别和视频分析方面的研究，主要有但不限于中国科学院自动化研究所、北京大学视觉与听觉信息处理国家重点实验室、西安交通大学、清华大学、上海交通大学、南京大学、哈尔滨工业大学等。针对不同层次行为的识别，研究者提出了许多不同的行为识别方法。

1.1.2 研究意义

虽然该项研究存在巨大的市场前景且有众多的研究机构参与其中，然而对于人体复杂行为识别中运动分割、人体建模、遮挡问题、交互行为检测、行为歧义性问题、复杂时序关系的交互行为表示与识别、不同场景下运动特征的选择和表达等方面的研究至今仍然没有达到令人满意的效果。同时，人体行为分析涉及多传感器融合、计算机视觉、模式识别、机器学习等多学科的知识，因此开展此项课题的研究不仅具有重大的经济价值，而且还具有巨大的理论意义。

1.2 国内外研究现状

由于近年来恐怖事件逐步增多，各国政府对于公共安全防范工作的重视程度也逐渐加强，而利用智能化的视频监控技术无疑是针对恐暴事件预警的最佳方法。但大部分情况下现有的监控系统并没有充分发挥其主动的监督作用，而是要依靠安保系统人工进行识别和监控出行为人的可疑、异常及危险行为，例如，在火车站、地铁站这样人员密集的公共场合发生物品被盗情况，往往都是案发后安保人员通过调取当天的视频记录进行回放才能找出线索，而此时犯罪人员早已逃之夭夭，因此，在监控系统 24 小时不间断对公共敏感区域监控的情况下，如何从海量的监控信息中自动识别筛选出有用信息，并且能自动向安保人员及相关部门提供预警已经成为亟待解决的技术难点。

根据现有文献，目前人体行为识别按照其研究对象的复杂程度可分为四个层次[4]：基元行为（Action primitive）、单人行为（Action）、交互行为（Interaction）、群体行为（Group Activity）。基元行为是人体身体部位的基本运动动作，是描述人体行为的基本元素，例如伸手、抬腿这类行为。各种复杂行为都是由各种基元动作组成的。单人行为是由多个基元动作按照一定时空关系组成的行为，这种行为不与场景中其他人或者运动物体互动。例如，行走、散步和拳击等这类动作。交互行为指包含多人之间或者人与其他运动物体之间的相关联的动作，例如，两人打架、一个人打开车门等这类行为。而群体行为定义为：一些由多人或多人与物体所组成的团体行为，例如，一群人去游行、一群人在开会和一群人进行斗殴等这类团体行为。研究人员对简单行为识别定义为：对已经分割好的、仅包含单人且单个行为的视频进行分析，并将视频分类到已经定义好的行为类别中。但是在实际应用场合（例如，火车站、银行和公共汽车站等人流量密集的公共场合），安保人员常常需要在监控视频中识别出行为人的行为，并且需要准确的确定出每个行为人进行各种行为的起始时间和终止时间。所以，根据实际需要，人体行为识别又可以认为由以下两部分组成：行为分类和行为检测。行为分类是指：首先在视频序列中提取特征，然后根据相应的匹配算法对特征进行识别，最后再对相应的人体行为进行准确的标注，从而实现对行为分类。行为检测是指：在识别出具体的人体行为基础上，再确定出人体行为发生的时间和空间关系。以下简要介绍目前国内外对人体复杂行为的研究现状以及存在的主要问题。具体方法如图 1 - 2 所示。

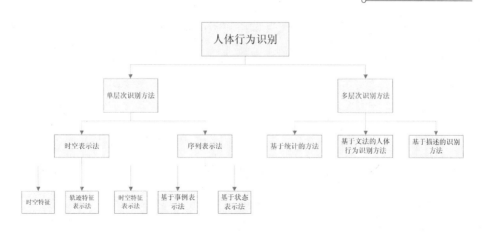

图 1 - 2 常用人体行为识别方法类别

早在 1973 年心理学家 Johansson 就已经提出了人体运动感知实验，并开始了最初的人体行为识别研究。但是直到 1980 年以后，该领域才逐渐引起大家的重视。近些年来，在世界范围内大量的研究人员和研究机构对此展开了深入的研究，人体行为识别技术已经取得了突飞猛进的发展。Aggarwal 等[4]针对不同层次的行为，使用树形结构对现有的方法进行总结，将人体行为识别方法分为两大类：单层次方法（Single layered approaches）和多层次方法（Hierarchical approaches）。单层次方法是一种基于序列图像的人体行为表示和识别方法，该方法将人体看成是视频中的动态目标（由于人体的发生行为的过程中，形状、姿态等可能会发生变化，因此人体目标同时又是一个非刚体目标），此时的人体目标是一个动态事件，包含时间变化，而不是一个静态的物体，该方法十分适合人体姿态识别和具有时序特征的人体行为识别，此类方法常应用于简单行为识别。单层次方法又被分为时空表示法和序列表示法。

时空表示法又被分为：基于时空体积特征、基于轨迹特征和基于时空局部特征。时空体积特征是将输入的视频或者图像序列看作三维的时空体（XYT），可以是整体的时空体积，也可以是提取出的时空特征点的集合，利用三维 XYT 时空体积模型表示人体每个行为；基于轨迹特征是用人体结构模型中的运动轨迹来表示人体行为，通过识别运动轨迹来实现识别人体行为；基于时空局部特征是用一些从 3D 时空体积中提取的局部特征表示和识别人体行为的方法。

基于序列表示的方法是将包含人体行为的监控视频序列看成是一个序列集合，人体行为则被认为是序列特征量，然后将输入的人体行为识别看成是一系列观测值，再对视频序列中每帧的人体目标提取特定的特征向量，最后利用这些特征向量之间的相似性属性等准则识别出人体行为。序列表示方法又可以分为基于模板的识别方法和基于状态模型的识别方法。基于模板的识别方法是用从输入图像序列提取的特征与在训练阶段预先保存好的模板进行相似度匹配，最终选择与测试序列距离最小的已知模板的所属类别作为测试序列的识别结果。基于状态模型的识别方法是将人的行为表示为一组状态向量，其概率作为行为模型与测试序列图像之间的像素点，采用最大概率估计和最大后验概率分类器识别行为。

多层次方法是一种先将人的行为分解成为一些子行为或原子级动作，在这些子行为的基础上构建出高层复杂行为的识别方法。单层次方法更适用于人体姿态识别和单人简单行为的识别，多层次方法则主要应用于交互行为、群体行为和复杂行为等的识别。由于本章的研究重点是人体复杂行为，因此重点介绍多层次方法，具体介绍如下。

多层次方法的提出是针对于复杂的人体行为识别问题，例如，交互行为，群体行为的识别问题，主要先将人的行为分解成为一些相对简单的子行为，然后通过这些子行为来识别高层复杂行为。该方法又分为基于统计的方法、基于文法的方法和基于描述的方法。这种多分层表示不仅可以降低识别过程中的计算复杂度，还可以减少识别过程中因为反复使用子行为而产生的冗余性。多层次识别方法的好处是可以识别复杂行为，特别是针对人—人或人—

物的语义层面的交互行为和群体行为识别。

1.2.1 基于统计的识别方法

该方法使用多层统计状态模型（隐马尔科夫模型 HMMs 和动态贝叶斯网络状态模型 DBNs）识别行为，将人的行为表示为一组状态向量，其概率作为行为模型与测试序列图像之间的相似度，采用最大概率估计和最大后验概率分类器识别。在顶层，通过特征向量类似于单层次方法识别出原子行为，然后将这些识别出的原子行为作为观测值建立出第二层模型。Nguyen 等提出利用一个多层 HMMs 识别复杂序列行为[8]，该多层 HMMs 可以同时估计出所有层的参数并构建出 RBPF 推理机制识别复杂行为，该模型具备一定的鲁棒性。Zhang 等提出利用多层 HMMs 识别发生在会议室的群体行为[9]，将个人行为和团体行为定义为一个两层模型。Yu 等提出利用一个类似于两层 HMMs 的 block-based HMMs 识别人攀爬篱笆的行为[10]，先用星型骨架表示人体结构，然后建立离散 HMMs 模型预测出人体步行、攀爬、穿越等行为。Dai 等提出构建 DBNs 识别会议室中复杂场景下的群体行为，提出利用基于事件的动态场景模型分析群体交互行为[11]。Damen 等提出构建在 MCMC（Markov Chain Monte Carlo）中使用贝叶斯网络进行行为识别[12]，使用概率最大值的贝叶斯网络识别出相关联事件，使用一个可逆 MCMC 模型建立最优搜索方法，其中定义原子行为是低层，混合事件（相互之间有关联性的事件）为高层，最终实现对存取自行车行为进行层次分析，使用贝叶斯网络建立原子行为间联系。zhang 等提出一种基于时间间隔贝叶斯网络（ITBN）的图模型的交互行为识别方法[13]，该模型结合贝叶斯网络和间隔代数建立具有时间间隔属性的动态模型，并利用先进的学习方法构建 ITBN 模型的结构和参数引入了一种 ITBN。Eran 等提出了一种将 Granger causality 统计方法和新的结构学习方法相结合的 GCDBN（Granger Constraints DBN）的复杂行为识别方法[14]，该方法在参数学习前定义 DBN 结构，并利用 adboost 特征提取算法定义 DBN 的时间关系参数。另外，Cho 等人提出一种基于视觉信息（人体相关行为、姿态和人体结构模型等）和纹理信息视觉（提取到相关行为）的两层信息的图模型交互行为识别方法，该方法利用结构学习方法和 non-convex minimiation 学习模型参数并估计模型参数[15]。Tran 等提出一种利用图聚类算法查找人群聚集场景下的交互群体行为，并利用社会信息表示和比较交互群体行为[16]，其中用 bag-of-words 表示人群行为，最后用 SVM 进行识别。

Tao H u 使用连续隐马尔科夫（HMMs）识别行为人正面互动行为和传统的交互行为[17]。Xiaofei Ji 等提出一种多视角空间隐马尔科夫模型算法识别人体视角不变交互行为[18]。Pradeep Natarajan 等提出一种利用图模型结合隐马尔科夫模型对事件持续事件、多人互动和多层次结构进行建模，并利用其建立有效的学习算法和推理算法实现多人交互行为识别[19]。Shian-Ru Ke 等提出一种基于三维人体结构建模和循环隐马尔科夫模型（CHMMs）识别单次和连续从单目视频序列的人体动作[20]。吕庆聪等提出通过对物体、动作和人—三类关系，建立出统一的人—物交互识别模型[21]，通过该模型对人—物交互行为进行识别。林国余提出一种通过提取人—人之间的异常交互行为与正常行为之间的速度、面积变化率间距等特征[22]，利用耦合隐马尔科夫模型对人体异常交互行为识别的方法。王生生等提出通过建立多目标之间的时空关系并提取出 3 个粒度（整体、双人和单人）行为特征[23]，建立出多观测值的三层隐马尔科夫（HMMs）扩展模型识别出复杂交互行为。Shi 等提出通过建立 P-net 网络识别人体行为[24]，首先利用状态节点、转换概率和观测值概率表示出人体每一个行为，其中每个间隔由时空关系和逻辑关系约束，由概率密度函数对状态节点进行状态触发。Popa，M. C 等提出隐马尔科夫模型和 DBNs 模型应用于面部动作单元（AU）的识别问题[25]。Hueng 等在人体步行轨迹特征的基础上将复杂的交互行为划分为一系列子交互行为，并利用改进的因子化的马尔科夫模型（MFHMM）对每个子交互行为建立动态概率模型，最后识别出交互行为[26]。Park 和 Aggarwal 提出利用多层贝叶斯网络方法识别两个人之间的动作[27]，被跟踪身体部分的姿态用低层表示，而 BN 网络的高层则估计整个身体的姿态，最后用动态贝叶斯网络估计出多个身体部位的姿态，其中用三层语义词表示人体行为层次：单人身体部位姿态为低层；单人行为为中层；两人交互行为为高层。Gutpa 和 Davis 提出利用贝叶斯网络模型来识别物体及人—物的交互行为[28]，该模型可以识别物体的外形、人—物交互动作和物体的反应等。杜友田等人提出将行为分解为不同尺度上的多个交互的随机过程[29]，并利用 HDS-DBN 对交互行为进行建模，该模型可以较好地表示人体行为中多尺度的运动细节。

基于统计的方法适合识别人体序列行为，尤其是在有足够样本的情况下，该方法抗噪能力强。该方法的缺点在于不适合识别在同时发生的子行为情况下的复杂行为。

1.2.2　基于文法的识别方法

这种方法用一串符号表示行为，每一个符号对应一个基本行为，用于识别高层行为的文法有上下文无关文法（CFGS）、随机上下文无关文法（SCFGS）。

Ivanov 等提出一种利用 SCFG 分解算法对的人体交互行为识别的方法[30]，其中低层独立概率事件检测器提取低层特征，高层利用 SCFGS 识别交互行为；Moore 等先将每个行为事件用相应的唯一的标号表示并利用 SCFGs 描述具有语义含义的行为规则[31]，该算法能够识别出二十一点纸牌游戏中人体交互行为。Joo 和 Chellappa 提出一种采用属性文法的人—物的交互行为算法[32]，将语义标签、SCFGS 规则相结合，然后利用扩展 SCFG 方法来识别人—物的交互行为，只有观察序列满足 SCFG 语法和特征约束时，系统才能判定该行为发生了，该方法可以识别停车场行为。2006 年，Ryoo 和 Aggarwal 将交互行为分析分为三个层次[33]：原子行为、组合行为和交互行为，通过 CFG 将组合行为和交互行为分解为简单行为，并采用 HMM 建模人体的姿态。2006 年，Park 等利用属性关系图（ARG-MMT）对身体运动部位多目标跟踪的方法，通过提取多人交互行为特征[34]，将视频序列分解为三层：像素层、团层和目标层，该算法可以对拳击、握手、推、拥抱等交互行为进行识别。2009 年，Ryoo 和 Aggarwal 提出一种基于时空关系匹配的交互行为识别方法[35]，对具有相似特征点的两段视频进行时空关系匹配，该方法可以通过分层的方法检测和识别出多人交互行为。Gupa 等提出利用贝叶斯算法和空间-函数的约束关系来描述人—物交互行为[36]。Lan 等人在潜在变量中利用两种纹理信息，并且通过人—人互动行为建立三种处理方式进行交互行为识别[37]。Perez 等利用结构学习算法得到发生交互行为的行为人空间关系，并利用头部方向和行为人之间相对位置对 SVM 进行学习并最终识别行为结果[38]。Yao 等通过对人体姿态-物之间的交互信息对人—物交互行为进行建模识别人—物交互行为[39]。Choi 等提出利用群体时空上下文信息，通过建立随机森林结构对群体中行为人建立时空区域，最后利用 3D 马尔科夫随机场进行识别群体交互行为[40]。Vahdat 等提出将行为人的行为用一系列的关键姿态表示，并对这些姿态建立严格的时空序列关系，最后推理出人体交互行为[41]。Desai 等对人体姿态和人体附近的物体建立相关上下文关系模型对人—物交互行为进行识别[42]。金标等通过建立目标间的空间关系语义模型，并结合时间信息识别交互行为[43]。于仰泉提出一种针对两人交互行为识别的三层识别系统[44]，其中，利用三维哈里斯角点检测和最小亮度变化一维 Garbor 滤波器提取出时空特征点，然后利用 RBM 和马尔科夫逻辑网识别行为。杨锋针对多人交互行为识别[45]，提出一种基于三粒度时空关系的行为特征，利用多观察值三层隐马尔科夫扩展模型来识别多目标交互行为的识别方法。Mukhopadhyay 等使用 SCGF 通过检测低层次事件的事件对高层次互动行为进行建模，构建出时空序列的 SCFG 模型对人体行为进行识别[46]。

基于文法的识别方法缺点在于不适合识别同时发生的行为。

1.2.3 基于描述的识别方法

该方法将一个高层行为表示为多个简单行为（子事件），然后制定特定的关系并通过搜索出的子事件判断是否满足条件，通过这种判断确定行为类别，该模型详细地描述了原子动作之间的时间、空间和逻辑关系，在该方法中时间间隔是各个子行为联系的纽带。

Intille 等利用基于描述的方法识别多人美式足球行为[47]，用三部分类似程度语言描述目标行为：空间结构描述多目标之间的空间关系、概率置信网络描述个体行为和从空间关系中产生概率置信网络对复杂行为进行推理。Siskind 等提出基于描述的多层次方法识别行为人同时发生的行为[48]，该方法使用具有事件逻辑性的语义空间运动词描述行为。Nevatia 等提出利用 VERL 语言描述人体复杂行为[49]，该描述方法可以将人体行为分成三个层次：基元行为、单线程组合行为和多线程组合行为。Ghanem 等利用 Petri 网络描述和识别人—车交互行为[50]，其中，利用 petri 网络表示出用户的问题，而识别过程则通过网络的令牌进行触发。Vu 等利用时空关系和逻辑关系描述人体行为[51]。Hakeem 等提出一种利用 CASE 自然语言用因果关系和时间关系描述人体行为[52]。Matej Perse 等提出利用 PNS（place transition petri nets）的方法识别人体打篮球行为[53]，其中利用轨迹表示行为间的时空属性。Lavee Gal 等提出利用 SERF-PN 网络识别视频中的行为[54]。Albanese Massimiliano 等提出利用 PPN（Probabilistic Petri Nets）对人体行为建模[55]，通过该模型表示人体复杂行为。Ryoo 等提出利用 CFG 表示组合行为和交互行为[56]，该方法可以将复杂行为分解为简单行为，其中行为被分成身体层、姿势层、手势层和交互行为层；多像素算法用于身体层、贝叶斯网络用于姿势层、HMMs 用于手势层和 CFG 用于交互行为层的识别。Hakeem 等设计一种用于表示多人交互行为的 P-CASE[57]，该方法将多人行为分解为相关联的子行为。2009 年，Ryoo 等又提出利用 CFG 描述组合行为[58]，其中，将 hallucination 和概率语义算法结合可以克服低层识别时的不足。Kardas Karani 等提出先将视频数据转换为一组马尔科夫逻辑网络（MLN）谓词[59]，然后，结合判别权重学习算法，用来推断谓词的相关性，最后，生成的事件模型用于识别。Zhang Yifan 等提出具有一个间隔时间约束的动态贝叶斯网络扩展 Allen 模型（IAN）对事件进行检测[60]。Yang Wang 等提出人或物类别和他们的视觉属性的训练模型[61]，并将物体的属性定义为模型中的潜在变量，通过从训练数据中得到图模型。Kong 等提出利用相互作用的短语表示行为人之间的二值语义运动关系并建立多层模型[62]，该模型可以很好地解决交互行为中的运动歧义性和部分遮挡问题。

除此之外，还有一些学者将现有识别方法和人工智能技术和符号方法结合进行识别人体行为。Tran 和 Davis 采用过马尔科夫逻辑网络（MLNs）识别停车场行为[63]，其中，用一阶逻辑规则和相关权值表示置信度，并使用这些规则构建出马尔科夫逻辑网。Sadilek 和 Kautz 针对不能直接检测到多目标行为的情况下仍然可以利用马尔科夫逻辑网对其进行推理得出行为类别[64]。Gupta 等人构建行为的故事情节模型描述人体行为[65]，通过构建一个 AND-OR 的树状图模型表示故事情节模型，并通过该模型表示动作之间的因果关系，该方法可以识别足球场上各个运动员的交互行为。Tian 等根据场景中不同行为人的上下文信息利用三种方式分别对人群—个人交互、人—人交互建模[66]，实现个体行为人及人—人交互行为识别。Juan 等提出利用 state-of-art 描述方法对行为进行描述，并使用贝叶斯网络和概率扩展 PN 网络对人—物交互行为进行识别[67]。Motiian 等对多人交互行为中的交互轨迹利用非线性动力学系统（NLDS）建模[68]，用黎曼流形结构描述轨迹空间，并通过比较交互行为轨迹识别行为。Slimani 等使用 co-occurring 视觉词表述多人交互行为[69]，利用3-DXYT 时空体积特征表示交互行为人，用视觉词表示行为人的行为，用 co-occurring 视觉词表的频率表示行为人间的交互行为。谢立东结合统计方法和上下文无关文法识别的三层多人交互行为[70]，其中，在第一层深度网络模型基础上构建第二次序列动作识别层，在该层将视频序列转换为观测符号序列，并采用多序列 HMM 模型建立出相应的模型，最后建立出第三层采用上下文无关文法对人体行为进行描述并加以准确识别。谷军霞等提出将 AdaBoost-EHMM 结合算法用于人体行为识别[71]。

常用识别数据库简要介绍：

随着人体行为识别研究的深入，出现了很多人体行为识别数据库。使用公共数据库有两方面好处，一方面可以节省研究时间和资源，不需要花费研究经费专门创建测试视频；另一方面可以使用相同的测试视频来对比各自不同的算法，使得测试结果更有可比性。在现有研究中，由于研究重点的差异，出现了多种行为数据库。研究人员按照场景复杂程度的差异，将其分为简单场景（背景固定场景）和复杂场景（背景变换场景）；按照场景中受测者数量的差异，可以分为单人行为和多人交互行为；按照受测者运动方向的差异，可分为固定角度运动行为和多角度运动行为（人体运动方向与摄像机视角成多个预设的角度）。本文简要介绍几种研究过程中涉及的国内外权威行为识别数据库，数据库分类如图 1 - 3 所示，常见行为数据库如表 1 - 1 所示。

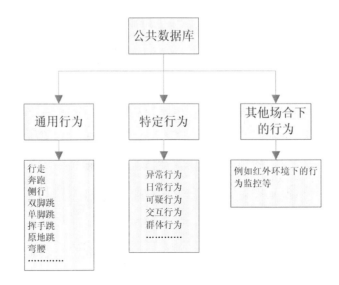

图 1-3 行为数据库分类示意图

表 1-1 常见行为数据库

复杂性	问题类型	视频源	对应视频数据库
——	简单和静止的背景 （理想情况下的行为分析）	室内/室外环境	Weizmann 数据库（2001，2005） KTH 数据库（2004）
——	复杂和非静态背景 （现实情况下的行为分析）	室内/室外环境	CAVIAR（2004） ETISEO（2005） CASIA（2007） MSR Action（2009） UT Tower（2010） HOLLYWOOD（2008，2009） UCF Sports（2008） UCF YouTube（2009） UCF 50（2010） Olympic Sports（2010） HMDB51（2011）
——	交互行为分析	视频记录/电视节目	BEHAVE（2004） TV Human interaction（2010） UT interaction（2010）

续表

复杂性	问题类型	视频源	对应视频数据库
_____	多视角行为分析	室内/室外环境	IXMAX（2006） I3DPost Multi-view（2009） MuHAVi（2010） CASIA Action（2007） Video Web（2010）
_____	知识库	各种场合	VISOR（2005） VIRAT（2011）

（1）Weizmann 数据库 。Weizmann 数据库由以色列 Weizmann 科学院（Weizmann Institute of Science，简称 WIS）计算机科学与应用数学系（Department of Computer Science And Applied Mathematics，简称 CSAM）计算机视觉实验室（Computer Vision Laboratory）创建，该数据库分成两个部分：基于事件分析的 Weizmann 数据库和基于时空形状的数据库。基于事件分析的 Weizmann 数据库创建于 2001 年，由 6000 帧视频构成，内容包括穿不同衣服的不同的人，主要执行以下几个动作：行走、奔跑、侧行、双脚跳、单脚跳、挥手跳、原地跳、弯腰、单臂挥手和双臂挥手。基于时空形状的数据库创建于 2005 年，所有的视频都是通过固定摄像机在简单的背景下拍摄得到的，而且不存在任何遮挡和视角变换的问题，视频中人体的尺寸和动作的快慢可以认为是不变的。此外，为了验证识别算法的鲁棒性，研究者还提供了验证库，分别包含 10 组不同条件（正常、高抬腿和甩包等动作）和不同视角。该数据库采用刷新率为 50 帧/秒（简称 fps）的静止摄像机采集，共有 110 个分辨率为 180×144 的 AVI 文件。因而，该数据库是一个相对简单的行为视频库。

（2）KTH 视频数据库。该数据库由瑞典皇家工学院（Royal Institute of Technology，简称 KTH）计算机科学与通信学院（School of Computer Science and Communications，简称 CSC）计算机视觉与主动感知实验室（Computer Vision and Active Perception Laboratory，简称 CVAP）于 2004 年采集得到，简称

KTH 数据库。数据库包含 6 种人体行为，即行走、慢跑、快跑、打拳、挥手和拍手。每种行为分别由 25 位受测者在 4 种不同场景中完成，如静止的背景、视频比例变化情况下的背景、穿风衣室外环境和室内环境和光照变化下的背景。该数据库采用刷新率为 25 帧/秒（简称 fps）的静止摄像机在相似的场景中采集，共有 600 个音频视频交错格式。

（3）UCF 数据库。该数据库由美国佛罗里达中心大学（University of Central Florida，简称 UCF）电子工程与计算机系研究人员创建。该数据库由 UCF aerial（创建于 2007 年，包括步行、奔跑、捡东西、开汽车门等行为）、UCF ARG（创建于 2008 年，由 12 个人执行的 10 个动作构成，包括拳击、运送物品、鼓掌、挖掘、跳跃、投掷和挥手等）、UCF sports（创建于 2008 年，数据集总共包含了近 200 个行为视频，这些行为视频中记录的动作类别总共有 9 种，分别是跳水（含 16 个视频）、打高尔夫球（含 25 个视频）、踢腿（含 25 个视频）、举重（含 15 个视频）、骑马（含 14 个视频）、奔跑（含 15 个视频）、滑雪（含 15 个视频）、旋转（含 35 个视频）、步行（含 22 个视频））。UCF YouTube（创建于 2009 年，包括 11 个动作，分别为（投篮、骑自行车、跳水、打高尔夫球、骑马、打美式足球、旋转、打乒乓球、蹦床、跳跃、打排球和遛狗等动作）和 UCF 50（创建于 2010 年，由 50 个动作构成，包括：打棒球、投篮、骑自行车、打台球、蛙泳、跳水、击剑、打高尔夫球、弹吉他、高台跳水、骑马、转呼啦圈、投标枪、跳绳、弹钢琴等）等行为数据库构成，这些运动视频主要是来源于 BBC、ESPN 和 YouTube 等广播电视娱乐频道。

（4）UIUC 行为数据库。该数据库由伊利诺伊大学厄巴纳——香槟分校（The University of Illinois at Urbana-Champaign，简称 UIUC）于 2008 年创建，该数据库由 8 个人执行 14 个动作，这些动作包括步行、奔跑、跳跃、挥手、鼓掌、跳跃的时候挥手、从座位上跳跃、举手和转身等。

（5）中国科学院自动化研究所生物信息识别数据库。数据库由中国科学院自动化研究所（Institute of Automation, Chinese Academy of Sciences）的生物识别与安全技术研究中心（Center for Biometrics and Security Research，简称CBSR）于2007年创建，简称CASIA数据库。该数据库由8个生物信息子数据库构成，分别是虹膜数据库、步态数据库、人脸数据库（构建中）、指纹数据库（构建中）、掌纹数据库、笔迹数据库、三维人脸数据库和行为分析数据库。其中，行为分析数据库是在室外环境下分布于三个不同视角（平视、斜视和俯视）未标定的摄像机采集而成，分为单人行为和多人交互行为。单人行为包括行走、奔跑、弯腰走、跳行、下蹲、晕倒、徘徊和砸车。多人交互行为包括背后抢包、打架、跟随、赶上、相遇分开、相遇同行和赶超。

此外，随着对人体行为识别研究的深入，为了便于人体行为识别算法的验证，各国研究人员也提出了各种公共数据库。通过这些人体行为公共数据库，研究人员不需要再专门花费代价重建专门创建测试视频库，节约了大量的人力物力，一方面研究人员可以利用现有的数据库来验证自己的算法；另一方面可以利用相同的测试视频对不同的算法进行比较，大大提高了算法间的可比性。在现有研究中，根据研究对象的差异，研究人员提出了多种行为数据库。研究人员根据行为的普遍性，将其分为日常行为数据库和特定行为数据库（例如：特殊人群异常行为监护等行为数据库）；根据监控场景的复杂程度不同，将其分为简单场景下的行为数据库和复杂场景下的行为数据库；根据监控场景中行为人的数量及其实施行为的对象，可以分为单人行为、人—人交互行为和人—物交互行为等行为数据库，本文中，利用现有的行为数据库和自建数据库对文中算法进行验证所用到的公共行为数据库介绍见后面章节相关简介。

近年来虽然人体行为识别研究有一定的进展，但是由于动态场景中存在遮挡、阴影和光照变化、复杂场景和行为人运动的模糊性等因素的影响，使得人体视觉行为理解成一个复杂且极具挑战性的任务，目前人体复杂行为研究仍处于初级阶段，主要存在以下问题。

（1）遮挡问题。在现实的监控环境下，尤其是在人多拥挤的状态下，人—物和人—人之间经常会出现自遮挡和遮挡的情况。目前，大部分研究算法都不能很好地解决这类遮挡问题，而遮挡会降低行为人的检测精度和跟踪精度。

（2）行为歧义性问题。由于提取到的运动特征含有噪声及遮挡等原因会导致同一行为在不同场景下可能会有不同的含义，这种行为歧义性会严重降低行为识别精度。

（3）交互行为识别。目前，大多数研究都是针对一些简单的交互行为，例如讨论、握手、推和拥抱等行为，而复杂的交互行为识别则很少涉及。

1.3　研究内容与论文组织

1.3.1　研究内容

本文以人体行为识别为中心，重点研究基于人体复杂行为识别的几项关键技术：人体多节点跟踪及缺失轨迹恢复、相空间重建及与时空兴趣点特征结合为综合特征、改进 PLSA + 案例推理的简单行为识别、基于 Markov logic network 的复杂行为识别算法。本文的人体复杂行为识别流程如图 1 - 4 所示。

本文研究内容如下：

（1）人体关键点跟踪及轨迹恢复。针对人体行为识别中，采用传统的基于数值计算方法很难检测复杂遮挡场景下的人体行为，这些行为因为遮挡会出现识别错误，因此提出先将人体结构分割成 14 个关键点，并利用人体关键点的轨迹表示人体行为，然后利用马尔科夫链蒙特卡罗（Markov Chain Monte Carlo models）理论对粒子滤波算法进行改进的改进算法，实现对人体 14 个关键点的准确跟踪，从而得到人体关键点的轨迹；针对遮挡位置的轨迹，采用

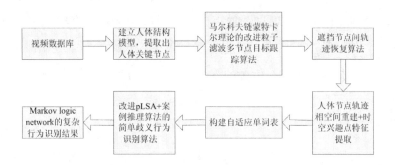

图1-4 人体复杂行为识别示意图

SFM（structure from motion）模型重建出因遮挡而丢失的轨迹点坐标；由此能够得到全部位置的遮挡点轨迹。

（2）基于词包的人体行为特征表示。针对以往识别结果受到目标的像素和外形特征等因素影响，将人体行为序列定义为一个非线性系统并简化相应的数学模型，即：将一系列人体行为即已得到的关键点轨迹定义为一个非线性系统，利用相空间理论对已得到的关键点轨迹进行相空间重构获得相空间特征；利用词包法将相空间特征、时空兴趣点特征进行融合得到人体复杂行为特征。实验结果表明了该特征的有效性。本章方法拟通过将相空间特征和时空特征点特征结合用以解决在遮挡情况下提高人体行为识别精度。

（3）基于改进 PLSA + 案例推理的简单行为识别。针对得到的相空间特征维数多必须要降低维数同时又不能丢失有用信息导致降低识别精度，提出一种自适应单词表，实现对特征的自适应编码。首先，利用一种改进的 k-means 聚类创建出单词表，然后引入自适应权值进行最优迭代实现自适应算法；最后针对传统 pLSA 算法中假设出观察特征序列的独立性，即每个状态决定唯一观测特征，但是实际情况中每个观测特征之间或多或少都存在相关性，由此会导致过拟合，这将导致识别精度下降，由此提出一种改进 PLSA 算法，既能提高迭代运算速度又不会出现过拟合导致识别精度降低，最后将其与案例推理算法结合，识别出歧义行为。本章方法拟解决识别人体行为中的歧义问题。

（4）基于 Markov logic network 的复杂行为识别。在识别出人体简单行为的基础上，建立规则知识库，运用马尔科夫逻辑网推理出人体的复杂行为类别。本章方法拟解决人体行为中的复杂行为识别问题。

1.3.2 全文组织结构

全文由 6 章组成，各个章节的内容和组织如下所示。

第 1 章 绪论：介绍了课题研究背景、目的及意义，对国内外的研究现状和存在的主要问题进行了概括，最后给出了本文的主要研究内容。

第 2 章 人体关键点跟踪及轨迹恢复：将人体结构用一个由 14 个关键点组成的人体模型表示，使用基于马尔科夫链蒙特卡尔（Markov Chain Monte Carlo models）的改进粒子滤波算法对人体可视各个关键点进行多目标同时跟踪；定义了关键点遮挡条件判据，最后利 SFM（structure from motion）算法对人体遮挡位置轨迹点进行重建。

第 3 章 基于词包的人体行为特征表示：将人体行为序列定义为一个非线性系统并简化相应的数学模型，利用相空间理论对已得到的关键点轨迹进行相空间重构获得相空间特征，并用词包法将相空间特征和时空兴趣点特征进行融合得到人体复杂行为特征。

第 4 章 基于改进 PLSA 和案例推理算法的简单歧义行为识别：利用改进的 PLSA 识别算法先对行为人的行为进行识别，该改进方法可以克服传统 pLSA 算法中生成式模型对观察特征序列的独立性假设会导致过拟合的缺点；然后利用案例推理原理消除由于遮挡等原因引起的歧义性。

第 5 章 基于马尔科夫逻辑网络的复杂行为识别：通过利用人体复杂行为的直觉知识库建立出的复杂行为逻辑推理框架，以此创建了常见的复杂行为的规则，最后利用马尔科夫逻辑网识别常见的行为人的复杂行为。

第 6 章 结束语：对全文的工作进行总结，并指出下一步的研究方向。

第 2 章　人体关键点跟踪及轨迹恢复

2.1　引言

在通常情况下，对指定的目标的准确跟踪，是指在场景下准确刻画目标的运动轨迹。所以，目标跟踪在行为识别过程中尤其重要。如果没有可靠的跟踪准确性，就不能保证最终行为识别的精度。但在现实的监控环境下，会受到诸如：①在将运动目标的三维空间信息投影到摄像机的三维图像坐标系的过程中，不可避免地导致运动信息丢失；②监控设备中软硬件的噪声；③同时对多个目标跟踪所产生的轨迹重叠；④非刚体跟踪时目标轮廓的变形以及场景光照不均匀等因素的影响。所以对目标的准确跟踪，实际上是一件比较困难的事情。目前，为了解决上述因素的影响，提高识别的精度，根据实时监控和非实时监控的情况，将现有的人体目标跟踪分成单人目标跟踪，多人目标跟踪和遮挡情况下的目标跟踪。虽然在近年来跟踪算法的研究取得了很大的进步[7]，但是目前大多数的跟踪算法都是基于大量的假设，例如，通常情况下假设在整个运动过程，目标的实际运动是一个连续平滑过程，不存在运动的突变、尽可能不考虑目标被遮挡的情况、跟踪场景内的的光照始终是均匀的并且采集到的视频图像受噪声污染小且始终清晰。所以，在实际的监控场景下使用这些在大量假设下改进的跟踪算法无疑会降低跟踪精度。

在人体行为识别过程中，由于常常使用人体的运动轨迹作为特征，因此人体目标检测与跟踪对于行为识别至关重要，跟踪的精度直接决定了行为的识别准确率。在目标跟踪过程中，如果场景非常好，没有遮挡，并且图像中目标特征都基本不发生改变，则目标就可以被很好的跟踪。但是在实际监控中，由于人体目标有时候会发生遮挡和自遮挡，而且在发生不同姿态行为的时候，人体的形状轮廓会发生变化，此时，准确的跟踪人体目标就变得很困难。目前，人体目标跟踪分为以下几种方法：基于区域的跟踪方法、基于轮廓的跟踪方法、基于特征的跟踪方法、基于模型的跟踪方法、基于光流的跟踪方法[7]及混合跟踪方法。示意图如图2-1所示。

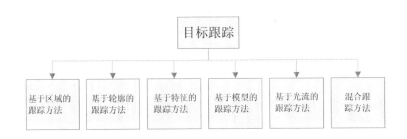

图2-1　常用跟踪分类方法

基于区域的跟踪方法：该方法是根据运动目标的图像区域变化来实现准确跟踪。Meyer 等在连续帧中利用目标的形状和位置实现复杂场景下的跟踪[72]。Salembier 等将基于像素的表示方法转换为基于编辑的表示方法实现目标跟踪[73]。Schmaltz 等结合概率密度模型处理遮挡和自遮挡情况下的目标跟踪[74]。Chan，Fan 等利用检测出的显著区域实现目标跟踪[75]。Varas，David 等利用颜色和外形区域特征对目标进行跟踪[76]。

基于轮廓的跟踪方法：该方法通过跟踪目标的轮廓实现对整个目标的跟

踪。Yokoyama 等提出利用目标的边缘特征和目标的轮廓跟踪非刚体目标[77]。Chiverton 等通过基于外形建立轮廓模型实现跟踪，该方法在首帧定义出目标的轮廓[78]。Ling Cai 等在低对比度场景下通过结合区域和边界特征实现目标跟踪[79]。Qiang Chen 等通过目标轮廓实现在复杂场景下的目标跟踪[80]。Ning，Jifeng 等利用 JRACS 算法（joint registration and active contour segmentation）对非刚体形状的目标进行跟踪[81]。

　　基于特征的跟踪方法：该方法对于从跟踪目标中的静态特征（诸如颜色、几何结构、纹理等特征）进行跟踪，对于动态特征利用粒子滤波、卡尔曼滤波等数学模型进行跟踪。Coifmann 等将交通工具上检测到的角点作为特征，利用卡尔曼滤波对其进行跟踪[82]。YoungJoon Chai 等利用粒子滤波对直方图特征进行跟踪[83]。Jang 等利用贪婪算法最小化目标的形状、尺寸和颜色特征进行跟踪[84]。Comaniciu 等以颜色直方图特征为特征，利用卡尔曼滤波算法进行跟踪[85]。Kim，T 等利用背景和形状边界特征提高跟踪非刚体目标[86]，首先，利用 SCPS（shape control points）规则的分布在物体轮廓上，跟踪过程中通过不断计算物体质心修正 SCPS，通过准确的跟踪这些 SCPS 实现高精度跟踪的目的。Erlikhman，Gennady 等提出利用除用方位角和插值外将多种特征结合在一起进行多目标跟踪[87]。

　　基于模型的跟踪方法：该方法通过对运动目标的运动情况建立概率模型。Youding Zhu 等通过重建出人体三维模型并结合 time-of flight 实现目标跟踪[88]。Ong 等利用 condensation algorithm 对人体三维骨骼模型进行跟踪[89]。Kong-man Cheung 等在人体上使用标记点和传感器进行运动跟踪[90]。Essid，Houcine 等利用隐马尔科夫模型（Hidden Markov Model）对卫星图像目标进行跟踪[91]。Muammer Catak 等提出提取颜色直方图作为目标的主要特征[92]，利用 PBES（Population balance equations）结合概率粒子滤波算法对运动目标进行跟踪。Ma，Lili 等利用视觉注意力模型进行目标跟踪[93]。首先采用从底向上的注意力模型（bottom-up attention model）对图像进行特征分解，然后假设目标区域比背景区域更具注意吸引力，计算出显著图并使用有效的搜索策略预测出目标的位置实现准确跟踪目标的目的。Kyrki，Ville 等利用线框边缘模型（wire-frame edge model）和自动产生的目标表面纹理特征结合[94]，使用迭代扩展卡尔曼滤波器进行目标跟踪。

基于光流的跟踪方法：该方法利用对视频图像中的运动目标实时提取光流特征，从而实现对目标的实时跟踪。Nhat-Tan Nguyen 等先对人体运动建立矩形盒模型[95]，并对其计算光流用以跟踪。Chen，Zhiwen 等先对视频进行分割，然后利用光流法对目标轮廓进行跟踪[96]。Chen，Erkang 等利用基于四元数的光流估计对目标进行鲁棒跟踪[97]。Sidram，M. H. 等提出通过颜色光流法实现目标跟踪[98]。

混合跟踪方法：同时结合几种跟踪算法对目标进行跟踪的算法。例如：Salmane，Houssa 等将光流法和卡尔曼滤波算法结合起来跟踪目标[99]。Jayaba-lan，E 等使用光流信息得到出现在场景中的物体的位移观测模型[100]，在得到初始帧里的运动区域后应用 ACM（active contour model）跟踪目标，该方法可以用于非刚体目标跟踪。Wang，Xiangyang 等利用稀疏矩阵表示法和粒子滤波结合实现目标跟踪[101]。

由于粒子滤波算法在非线性和非高斯系统中表现的优越性以及具有很好的多模态处理能力，因此常用于目标跟踪。但是，粒子滤波方法的缺陷也很明显，首先该算法需要大量的样本才能完成对近似系统的后验概率密度计算，从而导致计算量非常大。其次，粒子滤波算法存在粒子的退化现象（Degeneracy Problem），在实际应用中随着迭代计算次数不断增加，只有少数几个粒子的权重非常大，围绕其他权重接近于 0 的粒子将会产生大量无效的计算。另外，传统的粒子滤波跟踪算法在实际监控环境下跟踪目标有一个明显的缺点：在人体关键点目标与实际监控背景之间的对比度低、人体关键点间的目标干扰等复杂情况下，收敛到期望的后验分布需要大量的粒子，因此，针对粒子滤波算法存在的上述问题，利用马尔科夫链蒙特卡罗原理结合粒子滤波的改进跟踪算法对人体关键点进行跟踪，以提高跟踪算法的稳定性。

在本章中，我们将人体结构用一个由 14 个关键点组成的人体结构模型表示，即利用跟踪到的这些关键点运动轨迹表示人体行为，因此将识别人体行为的问题转换为对人体 14 个关键节点运动轨迹类别识别。所以利用一种改进的粒子滤波算法对行为人的多个关键节点进行同时跟踪，并能在遮挡情况下将丢失的关键点运动轨迹恢复出来。因此，本章根据现有分类方法，在文献[112][115][127]中人体直接建模法的基础上利用一种先对人体结构进行关键点建模，将人体结构转换为一个 14 个节点的人体模型；然后利用基于马尔科夫链蒙特卡罗原理（Markov Chain Monte Carlo models）的改进粒子滤波算法对人体 14 个关键点中的可视关键点进行多目标跟踪；最后利用遮挡条件的判据确定出发生遮挡的具体轨迹，并利用基于 SFM（structure from motion）算法对人体关键点遮挡位置的轨迹点进行重建，由此可以得到人体可视全部关键点分别在非遮挡情况和遮挡情况下的运动轨迹，最终实现用人体关键点运动轨迹表示人体行为的目的；最后通过利用公共行为数据库 KTH 数据库、Weizmann 数据库、UCF sports 数据库和我们自己的人体行为数据库进行验证，证明本章算法的有效性和正确性。

2.2　人体结构模型

目前，研究人员将人体结构模型作为人体目标跟踪、姿态估计和行为识别的工具。该方法的核心思想[3]是先对人体某些部位所处的姿态加以参数化描述，然后对人体的关键部位进行检测和跟踪，通过将人体行为的估计和识别转化为对人体结构模型的估计和识别。通常，在进行人体行为识别前，人体结构模型都会转化为某个坐标系下的数学模型。通过这种方法既可以保留有用的特征信息，又可以大大降低特征维数[102]。该建模方法大致分为以下三种类型：简单建模方法、非直接建模方法和直接建模方法。

简单建模方法利用一些简单的节点表示人体姿态，该模型不采用先验概率模型。文献[103]先用节点表示人体的肢体，然后通过检测、跟踪和识别这些节点来识别人体姿态行为。Nakazawa 等提出利用椭圆模型表示人体[104]，通过检测、跟踪和识别椭圆模型来识别人体行为。Iwasawa 等提出用骨架轮廓模型表示人体结构[105]，通过跟踪该模型来实现人体行为识别。Nam-Gyu Cho 等提出用圆柱体表示人体结构[106]，通过跟踪这些圆柱体，利用圆柱体轨迹表示人体行为。该建模方法强烈依赖于视频采集系统的训练样本。Eweiwi，Abdalrahman 等采用非负矩阵系数光流法从视频从提取空间兴趣区域[107]。

非直接建模方法即为：将先验概率模型用来解释测量数据。Leung 等提出使用 U 形边缘表示人体外形轮廓[108]。Huo 等利用粒子滤波算法对建立的头-肩-身体模型进行跟踪识别[109]，该方法在估计人体姿态的时候，不能提供太多的细节信息，而且在不适合处理遮挡情况下的跟踪识别。

直接建模方法即为利用人体先验模型表示人体的时空概率和运动结构。Sedai 等利用 HLAC 图像特征描述了对三维人体姿态进行估计[110]。Leong 等提出对人体建立一个由 21 个特征点和 35 根特征线组成的数学模型[111]，但是该模型对噪声很遮挡很敏感。Xia Limin 等将人体结构划分为 13 个关键点，并提取出不变量特征识别人体行为[112]。Chih-Chang Yu 等建立一个由 10 个节点组成的人体结构模型（人体由 10 个身体节点、6 个关节节点和 5 个终点组成）[113]。Tobias Jaeggli 等利用 3D 节点的 20 个身体位置表示人体结构[114]。

在这三种方法中都包含了系统自动初始化、数据融合、遮挡和自遮挡的情况。第一种方法需要对人体需要跟踪部位的位置和大小要有大概的估计；第二种方法人体目标中例如头部、面部这样的位置检测需要和其他算法组合来估计出二维位置；最后一种方法需要用到 DD-MCMC 算法推导出三维人体姿态位置坐标。目前这些方法的缺点是当发生跟踪错误时无法恢复出人体跟踪部分的坐标。

本文采用直接建模方法对人体结构进行建模，在文献[112][115]中人体直接建模法的基础上，将人体模型分成 14 个点（其中定义人体轮廓的质心为整个人体运动的中心点），并且在首帧图像中将人体关键节点人工标识出来，后续帧在此基础上自动找出人体关键点。通过跟踪 14 个关键节点的轨迹表示人体的运动。利用该方法既可以保证提取到人体的有效运动特征，也能大大降低特征维数，提高运算效率；然后利用基于马尔科夫链蒙特卡罗原理的改进粒子滤波算法，对 14 个关键点进行跟踪，并找到人体关键点遮挡的位置，利用 14 个关键点的运动轨迹表示人体的行为；最后利用 SFM 算法对人体遮挡位置的轨迹点进行重建，从而得出人体 14 个节点全部轨迹，具体介绍如下。

首先，在人体行为视频序列中人工将人体的头部、身躯、左右骨盆、左右肩膀、左右肘关节、左右手腕、左右膝盖和左右脚划分出 14 个关键点，即给出关键点的先验知识，如图 2-2（a）所示，其中的蓝色点表示人的身躯，并定义该点为整个人体运动的坐标中心（该点为人体质心位置），其余 13 个人体关键点的运动都是围绕这个点进行的。当人体各个关键点发生运动的时候，人体各个关键点的运动轨迹的示意图如图 2-2（b）所示。

利用这种对人体结构直接建模的好处是，在构建模型的过程中，利用人体轮廓图像中的骨架匹配估计人体 14 个关节点位置（采用人体 3D 几何结构模型表示人体的时空运动结构），骨架是物体的几何拓扑特性，尤其适合解决带有部分遮挡的形状匹配问题。

当利用本节方法找到人体关键点后，利用上一节中基于马尔科夫链蒙特

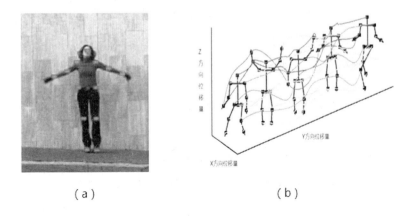

（a）　　　　　　　　　　　　（b）

图 2 - 2　人体关键点模型

（图片来源 Weizmann 数据库）

卡罗原理的改进粒子滤波算法同时对检测到的人体关键点进行多目标跟踪。

2.3　基于马尔科夫链蒙特卡罗原理的改进粒子滤波算法

2.3.1　粒子滤波算法简介

由于粒子滤波算法非常适合处理非线性和非高斯动态系统的优点且随着计算机硬件的高速发展、计算能力不断的增强，该算法已经越来越多的应用于目标跟踪领域。粒子滤波（Particle Filtering）是一种序贯重要性抽样方法，该方法先利用随机抽样的样本及其权值表示后验概率密度，然后通过非参数化的蒙特卡罗模拟方法来实现递推贝叶斯滤波，最后得到状态的估计值[116]。

近年来，在现代信号处理、通信、人工智能、生物信息学、计算机视觉、目标跟踪及统计学等领域的学者，几乎同时关注着粒子滤波算法的发展，其新的应用领域不断被扩展。粒子滤波算法已经成为计算机视觉信息融合神经网络等课程的重要组成部分。目前，国内外有很多研究人员针对各种应用场合对粒子滤波提出了各种改进。张蕾提出一种基于方向矢量的多特征融合粒子滤波的人体跟踪算法[117]，该算法将人体颜色特征和人体轮廓特征进行乘性融合和加性融合，并利用这两种特征的贡献率作为权值，从而提出跟踪准确性，该算法可以有效地解决传统粒子滤波算法中计算量太大且在人体目标发生遮挡情况下容易出现跟踪错误的问题。李万益提出一种利用双隐变量空间局部粒子搜索算法对人体运动形态进行估计[118]，该算法通过局部低维粒子搜索生成高维数据最后得出相应帧的三维人体运动形态。许瑞岳将融合级分类器与粒子滤波动态跟踪链结合起来[119]，提出一种基于空间虚拟墙的行人越界异常行为识别算法，通过将行为跨越二维图像坐标系中警戒线问题转换为跨越三维空间虚拟警戒墙问题。Zhang Weichen 提出利用将退火粒子滤波算法和简单运动模型结合的方法得到似然函数[120]，并通过一个指数距离的模板匹配算法，该算法可以有效地克服因遮挡和重叠情况导致的跟踪错误。Kodagoda Sarath 等提出了基于样本隐马尔科夫模型的人体运动学习模型（SHMM），并采用粒子滤波跟踪器对行为人进行跟踪[121]，该算法通过将两者结合起来用于跟踪的方法不仅提高了算法的鲁棒性，而且也能克服因为遮挡导致跟踪进度降低的问题。人使用的粒子滤波跟踪算法所提出的同步跟踪和人体运动模式的学习不仅提高了跟踪的鲁棒性相比更保守的方法，这也证明了鲁棒性的长期闭塞和保持身份。此外，人的跟踪和在线 SHMM 学习一体化 LED 提高学习绩效。这些声明是真实世界的实验对传感器包括激光测距仪套件的一个机器人进行支持。Liu, Jigang 等提出一种基于条件样例的粒子滤波跟踪算法[122]，该算法通过引入条件样例和图像数据，在更新阶段，粒子的权重由一组匹配到的人体投影模型的特征决定，该方法通过更新基于包含进化粒子约束的样例的动态模型提高了跟踪精度。Huiyu Zhou 等针对跟踪过程中人体目标由于遮挡、姿态和光照变化等原因[123]，提出了一种融合颜色和时空运动能量特征的粒子滤波算法对人体目标进行跟踪。M. M. Naushad Ali 等为了解决遮挡情况下多目标跟踪问题，提出了先提取出每个运动目标的突出特征点[124]，然后利用基于粒子滤波算法对图像序列中的每个特征点进行跟踪。Sun，Li 等结合在线 boosting 跟踪算法和方向梯度直方图（HOG）描述子构建粒子滤波算法用于多行人目标跟踪[125]，其中，基于 HOG 的支持向量机分类器的输出能够自动融合粒子滤波器中的观测指标，该算法极大提高了在恶劣条件下的跟踪精度。Ko，Byoung Chul[126] 提出了一种基于在粒子滤波器和融合了中心对称局部二值模式（ocs-lbp）的局部密度分布（LID）的在线学习算法用以跟踪人体目标，该算法可以在保证跟踪精度的同时大大降低计算量。

下面对粒子滤波算法进行简要介绍[127]。

粒子滤波算法的基本思想是构造一个基于样本的后验概率密度函数，使用 N 个粒子构成的集合 $\{x_{0:k}^i, \omega_k^i\}_{i=1}^N$ 表示系统后验概率密度函数 $P(x_{0:k}|z_{1:k})$，其中，$\{x_{0:k}^i, i=1, \cdots\cdots, N\}$ 是支持样本粒子集合抽取自后验概率分布的状态空间。各样本粒子的权值 $\{\omega_k^i, i=1, \cdots\cdots N\}$，且满足 $\sum_i \omega_k^i = 1$。

根据这一带权粒子集合时刻的后验概率密度可以近似表示为：

$$p(x_{0:k}|z_{1:k}) \approx \sum_{i=1}^N \omega_k^i \delta(x_{0:k} - x_{0:k}^i) \qquad (2-1)$$

根据这一近似可以将复杂的积分运算转化为求和运算：

$$E(g(x_{0:k})) = \int g(x_{0:k}) \, p(x_{0:k}|z_{1:k}) \, dx_{0:k} \qquad (2-2)$$

其基于样本的近似求解公式为：

$$E(g(x_{0:k})) = \sum_{i=1}^N \omega_k^i g(x_{0:k}^i) \qquad (2-3)$$

由于在很多情况下，后验密度可能是多变量、高维、非解析的，因而在实际应用中，很难直接从后验概率分布中抽取有效的采样粒子。因此，通常

选用重要性采样方法（Importance sampling method）提高采样效率。该方法定义了一个重要性采样密度 $q(x_{0:k}|z_{1:k})$ 来抽取样本，可以得到：

$$E(g(x_{0:k})) = \int g(x_{0:k})\, p(x_{0:k}|z_{1:k})\, dx_{0:k}$$

$$= \int g(x_{0:k})\, \frac{p(x_{0:k}|z_{1:k})}{q(x_{0:k}|z_{1:k})} q(x_{0:k}|z_{1:k})\, dx_{0:k}$$

$$= E_{q(\cdot)}\left[g(x_{0:k}) \frac{p(x_{0:k}|z_{1:k})}{q(x_{0:k}|z_{1:k})} \right] \qquad (2-4)$$

从重要性采样密度独立抽取 N 个样本粒子 $\{x_{0:k}^i,\ i=0,\ \cdots\cdots N\}$，由此可得下式：

$$E(g(x_{0:k})) = \sum_{i=1}^{N} g(x_{0:k}^i)\, \widetilde{\omega}_k^i \qquad (2-5)$$

其中，$\widetilde{\omega}_k^i$ 为归一化权值。在时刻 $k-1$，如果已经得到该时刻后验概率密度 $p(x_{0:k-1}|z_{1:k-1})$ 表示粒子集合，那么将重要密度函数改写为：

$$q(x_{0:k}|z_{1:k}) = q(x_k|x_{0:k-1},z_{1:k})q(x_{0:k-1}|z_{1:k-1}) \qquad (2-6)$$

通过从重要性采样密度算法中得到的新粒子 $x_k^i \sim q\ (x_{0:k}\mid x_{0:k-1},\ z_{1:k})$ 加入到已知的粒子集合 $x_{k-1}^i \sim q\ (x_{0:k-1}\mid z_{0:k-1})$ 中，由此可得新的粒子集合：$x_{0:k}^i \sim q\ (x_{0:k}\mid z_{1:k})$

因此，式（2-6）可以写为：

$$q(x_{0:k}|z_{1:k}) = q(x_k|x_{k-m:k-1},z_k)q(x_{0:k-1}|z_{1:k-1}) \qquad (2-7)$$

因此可以得到：

$$\omega_k^i = \frac{p(z_k|x_k^i)p(x_k^i|x_{(k-m):(k-1)}^i)p(z_{1:(k-1)})}{q(x_k^i|x_{(k-m):(k-1)}^i,z_k)q(x_{0:(k-1)}^i|z_{1:(k-1)})}$$

$$= \omega_{k-1}^i \frac{p(z_k|x_k^i)p(x_k^i|x_{(k-m):(k-1)}^i)}{q(x_k^i|x_{(k-m):(k-1)},z_k)} \qquad (2-8)$$

其中，$p\ (z_k\mid x_k^i)$ 为似然函数，$p\ (x_k^i\mid x_{(k-m):(k-1)}^i)$ 为概率转移密度函数，$q\ (x_k^i\mid x_{(k-m):(k-1)},\ z_k)$ 为重要性采样密度函数。最终后验滤波密度函数

$p\left(x_{(k-m+1):k}\mid z_{1:k}\right)$ 可以近似为：

$$p(x_{(k-m+1):k}\mid z_{1:k})\approx\sum_{i=1}^{N}\omega_k^i\delta(x_{(k-m+1):k}-x_{(k-m+1):k}^k)\qquad(2-9)$$

此外，各国研究人员针对基本算法中所存在的种种问题已经提出了各种改进的粒子滤波算法。

2.3.2　马尔科夫链蒙特卡罗原理简介

马尔科夫链蒙特卡罗理论（Markov chain Monte Carlo）是一种以动态地构造马尔科夫链蒙特卡罗原理为基础，通过遍历性约束实现模拟目标分布的随机模拟方法，它能有效解决粒子滤波的粒子退化的问题。目前，针对不同场合，各国研究人员对马尔科夫链蒙特卡罗方法提出了各种改进算法，使得该算法在人体跟踪领域得到越来越广泛的应用。王法胜等以贝叶斯滤波算法为基础，提出一种利用有序松弛哈密顿马尔科夫链蒙特卡罗算法用于对突变运动情况下的目标跟踪[128]。江晓莲针对复杂场景下运动目标发生突变运动情况，提出一种基于视觉显著性-WangLandau 蒙特卡罗跟踪方法[129]，该方法通过将视觉显著性算法引入跟踪框架构造出马尔科夫链。Zhang，Xiaoqin 等针对复杂背景、光照不足和部分自遮挡等情况下人体姿态估计和跟踪，提出了动态数据驱动的马尔科夫链蒙特卡罗框架下的动态 MCMC 算法[130]。Noyvirt Alexandre 等针对通过激光测距仪和深度相机采集到的视频图像，利用 MCMC 采样框架估计贝叶斯概率从而实现对人体目标跟踪[131]。Yan，X 等针对以往人体交互行为下的人体目标跟踪过程中常常需要加上每个行人彼此都是独立的且需要通过速度或者自回归模型预测行人的位置等缺点，提出将多社会交互模型导入交互 MCMC 跟踪器中实现对发生交互行为情况下的人体目标跟踪[132]。现将基本原理简介如下，首先假设一个拟概率密度函数（quasi-posterior）对应于下式[133]：

$$p_n(\theta)\propto e^{L_n(\theta)}\pi(\theta)\qquad(2-10)$$

通常在计算 $e^{L_n(\theta)}\pi(\theta)$ 时比较简单，但是在计算置信区间时，需要进行对以下估计：

$$\frac{\int_{\vartheta}h(\theta)e^{L_n(\theta)}\pi(\theta)d\theta}{\int_{\vartheta}e^{L_n(\theta)}\pi(\theta)d\theta} \qquad (2-11)$$

由此 MCMC 可以得到马尔科夫链蒙特卡罗中的固定分布函数 p_n，给定初始值 $\theta^{(0)}$，并定义马尔科夫链函数 $\theta^{(t)}$，$1 \leqslant t \leqslant T$；该函数通过在 p_n 中使用核函数计算得到。对于有足够大的 T 时，MCMC 算法可以得到一系列经验分布 p_n 的独立样本值（$\theta^{(0)}$，$\theta^{(1)}$，……$\theta^{(T)}$），并可以认为马尔科夫链的遍历性遵循 $T \rightarrow \infty$，因此可以得到：

$$\frac{1}{T}\sum_{t=1}^{T}h(\theta^{(t)}) \rightarrow \int_{p_n}h(\theta)p_n(\theta)d\theta \qquad (2-12)$$

在 MCMC 理论中，最常用到的是 Metropolis-Hastings algorithm。首先假设 $p_n(\theta) \propto e^{L_n(\theta)}\pi(\theta)$ 为已知常数，预先设定的条件密度 $\rho_q(\theta'\mid\theta)$

（1）设定初始值 $\theta^{(0)}$

（2）从 $\rho_q(\zeta\mid\theta^{(j)})$ 中计算出 ζ

（3）for $j = 1$，……T

当满足 $\rho(\theta^{(j)}, \zeta)$ 时，$\theta^{(j+1)} = \zeta$；否则，$\theta^{(j+1)} = \theta^{(j)}$。

其中，

$$\rho(x,y) = \inf\left(\frac{e^{L_n(y)}\pi(y)\rho_q(x\mid y)}{e^{L_n(y)}\pi(y)\rho_q(y\mid x)}, 1\right) \qquad (2-13)$$

$$\rho_q(x\mid y) = f(\mid x-y\mid) \qquad (2-14)$$

f 是一个密度对称，值趋于 0 的密度函数，类似于高斯密度函数。

2.3.3　基于马尔科夫链蒙特卡罗原理的改进粒子滤波算法

根据前面所述，我们将人体的头部、身躯、左右骨盆、左右肩膀、左右肘关节、左右手腕、左右膝盖和左右脚划分出 14 个关键点，如图 2 - 2 (a) 所示，其中的蓝色点表示人的质心点，并定义该点为整个人体运动的坐标中心，其余 13 个人体关键点的运动都是围绕这个点进行的。所以在整个视频监控过程中，我们只需要检测和跟踪这 14 个关键点，用这 14 个关键点的轨迹表示整个人体的行为。因此，我们必须准确的跟踪到这 14 个关键点，也就是在整个场景中需要做 14 个关键点的多目标跟踪。由于粒子滤波跟踪算法非常适合对多目标进行实时跟踪，但是由于在实际人体发生行为的过程中，不可避免的会发生关键点之间的自遮挡或者某些关键点被场景中的物体遮挡。由于在传统的粒子滤波跟踪算法需要大量的样本，而且普遍存在的问题是退化现象。由于粒子权值的方差随着时间递增，因此退化现象是不可避免的。并且在经过若干次迭代计算以后，除了极少数粒子外，其他粒子的权值小到可以忽略不计的程度，退化意味着如果继续迭代下去，大量的计算资源就消耗在处理那些微不足道的粒子上，大大降低了跟踪效率，也影响了最终的估计结果。通常情况下，为了减少退化现象的影响，一般采用以下两种方法：一是引入有效采样数量；二是采用重采样方法，即把那些权值较小的粒子舍弃，保留权值较大的粒子，并对其进行繁殖产生多个等权值的粒子[113]。

　　本章针对传统粒子滤波在多目标跟踪中的缺陷，基于 Marko Chain Monte Carlo 的改进粒子滤波多目标跟踪算法[134] 的基础上，在粒子滤波器采样过程中，将 MCMC 算法与粒子滤波算法结合，通过增加 MCMC 步骤的方法使采样值更接近同一时刻各个动态目标的观测值，并在 MCMC 中保留条件概率密度 $p(X_{K_n} | \{ Z_{K_n} \}_{i=1}^{N})$，实现对人体的 14 个关键节点进行多目标跟踪，算法具体描述如下所述。我们假设算法中的参数如表 2 - 1[134] 所示。

表 2 - 1　参数定义表

参数名称	参数定义
噪声观测值	$Z_{K_1}, \cdots\cdots, Z_{K_N}$
迭代数	$K_1, \cdots\cdots K_N$
观测函数	$Z_{K_n} = G(X_{K_n}, \eta_n)(\eta_n, n = 1, \cdots\cdots, N)$
观测值概率分布函数	$g(X_{K_n}, Z_{K_n})$
条件概率期望值	$E\left[f(X_{K_n} \mid \{Z_{K_n}\}_{i=1}^N\right]$
参考概率密度函数	$q(X_{K_n} \mid \{Z_{K_n}\}_{n=1}^N)$
系统状态条件密度函数	$B\_R = \{T_1, T_2, \cdots\cdots, T_N\}$

首先，在视频序列中的粒子滤波算法由计算条件概率期望值组成，因此，我们需要计算出系统的条件概率密度值 $B\_R = \{T_1, T_2, \cdots\cdots, T_N\}$，最终，我们可以计算出样本的权值[134][135][136]，计算步骤简要介绍如下：

$$E\left[f(X_{K_n} \mid \{Z_{K_n}\}_{i=1}^N)\right] \propto \frac{1}{N} \sum_{n=1}^N f(X_{K_n}) \frac{p(X_{K_n} \mid \{Z_{K_n}\}_{i=1}^N)}{\sum_{n=1}^N q(X_{K_n} \mid \{Z_{K_n}\}_{i=1}^N)} \tag{2-15}$$

$$p(X_{K_n} \mid \{Z_{K_n}\}_{n=1}^N) \propto \frac{g(X_{K_n}, Z_{K_n}) p(X_{K_n} \mid \{Z_{K_i}\}_{i=1}^N)}{q(X_{K_n} \mid \{Z_{K_i}\}_{i=1}^N)} \tag{2-16}$$

$$p(X_{K_n} \mid \{Z_{K_i}\}_{i=1}^N) = \int p(X_{K_n} \mid X_{K_{n-1}}) p(X_{K_{n-1}} \mid \{Z_{K_i}\}_{i=1}^{N-1}) dX_{K_{i-1}} \tag{2-17}$$

本章假设：

$$q(X_{K_n} \mid \{Z_{K_i}\}_{i=1}^N) \propto p(X_{K_n} \mid \{Z_{K_i}\}_{i=1}^{N-1}) \tag{2-18}$$

根据式（2 - 17），可以得到下式：

$$\frac{p(X_{T_k} \mid \{Z_{T_i}\}_{i=1}^{k-1})}{q(X_{T_k} \mid \{Z_{T_i}\}_{i=1}^k)} \propto g(X_{K_n}, Z_{K_i}) \tag{2-19}$$

因此，式（2 - 15）可以表示为：

$$E[f(X_{K_n} \{Z_{K_n}\}_{n=1}^N)] \approx \frac{\sum_{n=1}^N f(X_{K_n}^n) g(X_{K_n}^n, Z_{K_n})}{\sum_{n=1}^N q(X_{K_n} \mid \{Z_{K_n}\}_{n=1}^N) g(X_{K_n}^n, Z_{K_n})} \tag{2-20}$$

因此，可以得到归一化权值：

$$w_{K_n^n} = \frac{q(X_{K_n} \mid \{Z_{K_i}\}_{i=1}^N) g(X_{K_n^n}, Z_{K_i})}{\sum_{n=1}^N g(X_{K_n^n}, Z_{K_i})} \qquad (2-21)$$

跟踪算法运算步骤如下所示：

1）选取采样样本数 N，并利用统一的权重随机产生的粒子形式的非加权样本 $X_{K_{n-1}}^n$，$p(X_{K_n} \mid \{Z_{K_{n-1}}\}_{n=1}^{N-1})$ 计算公式如下：

$$p(X_{K_n} \mid \{Z_{K_{n-1}}\}_{n=1}^{N-1}) = \prod_{\lambda=1}^{\wedge} p(X_{K_\lambda, K_n} \mid \{Z_{\lambda, K_{n-1}}\}_{n=1}^{N-1}) \qquad (2-22)$$

2）$X_{K_n}^N$ 预测值计算公式为：

$$p(X_{K_n} \mid X_{K_{n-1}}) = \prod_{\lambda=1}^{\wedge} p(X_{\lambda, K_n} \mid X_{\lambda, K_{n-1}}) \qquad (2-23)$$

3）不断更新估计权值

$$w_{T_k^n} = \frac{\prod_{\lambda=1}^{\wedge} q(X_{K_n} \mid \{Z_{K_i}\}_{i=1}^N) g_\lambda(X_{\lambda, T_k^n}, Z_{\lambda, T_i})}{\sum_{n=1}^N \prod_{\lambda=1}^{\wedge} g_\lambda(X_{\lambda, T_k^n}, Z_{\lambda, T_i})} \qquad (2-24)$$

4）重采样：通过上述步骤，可以得到独立的归一化随机变量 $\{\theta^i\}_{i=1}^N$，$(0 < \{\theta^i\}_{i=1}^N < 1)$，因此可得下式：

$$(X_{K_{n-1}}^n, X_{K_n}^n) = (X_{K_{n-1}}'^j, X_{K_n}'^j) \qquad (2-25)$$

其中，$\sum_{n=1}^{j-1} w_{T_k}^n \leqslant \theta^j \leqslant \sum_{n=1}^{j} w_{T_k}^n$

5）markov Chain Monte Carlo 跟踪

本节构建 $Y_{K_n}^N$ 和初始值 $X_{K_n}^N$，并且得出其概率分布：

$$\prod_{\lambda=1}^{\wedge} g_\lambda(Y_\lambda^n, Z_{K_i}) p_\lambda(Y_\lambda^n \mid X_{K_n^n}) \qquad (2-26)$$

6）使得 $X_{K_n}^N = Y_{K_n}^N$

7）设 $n = n+1$，并将执行步骤跳转到步骤 1。

使用上面的跟踪算法，可以得到所有关键点的轨迹，由于是利用这些轨迹表示人体行为，因此就将识别人体行为的问题转变为识别出轨迹的问题。

通过上面的计算，我们可以得到人体各个节点在非遮挡情况下的运动轨迹，由于要判断人体行为不仅需要非遮挡情况下的轨迹还需要遮挡情况下的运动轨迹。因此，遮挡情况下的运动轨迹重建见后面章节介绍。

2.3.4　遮挡结束后的轨迹关联

在人体多节点在跟踪过程中[137]，发生遮挡或者自遮挡时，会造成跟踪轨迹的丢失，且在节点目标丢失一段时间后，跟踪算法仍会对节点目标继续跟踪，此时由于多目标节点同时跟踪，会出现多条运动轨迹，需要对之前正常情况下跟踪到的轨迹和由于遮挡结束后跟踪到的轨迹之间进行关联。

本节中，利用关联矩阵作为当前轨迹观测值和已有轨迹关联的依据[137]，并根据颜色直方图和模板匹配定义出判断准则，对已有轨迹和由于遮挡跟踪到的当前轨迹进行关联。此处定义遮挡情况判断方法：首先提取出当前帧 i 中各个节点的颜色直方图和节点部位的模板图像。当遮挡情况发生时，通过对关键点 i-1 帧的颜色直方图信息和节点模板信息与当前帧 i 的这些信息进行比较，由于在帧取样时间短，因此在短时间内节点的颜色直方图信息和模板图像不会发生很大的变化。所以，如果能够成功匹配，那么就判断为跟踪正常，并且更新人体节点部位的模板图像。如果当前帧 i 的这些信息和第 i-1 帧的信息不能匹配，那么节点部位的颜色直方图信息和模板图像不进行更新，并与第 i+1 帧信息进行匹配，如果连续几帧都不能进行成功匹配，那么系统就判定此时发生了遮挡。将节点的颜色直方图信息和节点部位的模板图像结合作为判断遮挡的优点如下：首先节点的颜色直方图信息可以有效的避免人体相同节点，如双手和双脚的模板图像是相同的，在进行模板匹配时会发生匹配错误，系统不能正确分辨出左右手和左右脚，并且在行为人发生运动时，节点部位可能会发生扭曲或者其他变形，此时利用节点部位的模板图像进行匹配可能会导致错误；而利用节点部位的模板图像不仅可以快速取提取，而且可以大大降低运算量，在本节中，我们取人体节点部位 8×8 大小的窗口提取出节点模板图像。

本节采用文献[138][139]中的方法，采用 Bhattacharyya 系数来判断，假设当前帧人体节点目标为 O_i，颜色直方图为 C_u，所有节点目标的直方图集合为：

$$d_B(C_{i-1}, C_i) = \sqrt{1 - \sum_{i=0}^{l} \sqrt{C_{i-1}(k) \cdot C_i(k)}} \qquad (2-27)$$

其中，C_{i-1} 和 C_i 为前后两帧中目标节点的归一化颜色直方图，l 为直方图划分的颜色区间数量。当发生遮挡时，目标节点会遮挡物颜色相差较大时，该系数会迅速增大，此时可以判断为发生遮挡；而当目标节点被重新找到时，该系数不会有明显的变化。此处我们设定以下判断准则：$d_B \geq T_B$；T_B 为 Bhattacharyya 系数的阈值，该参数根据实际监控场景预设。

人体关键节点图像的模板提取以及模板匹配算法简介如下。假设在第 i 帧图像中的某个关键节点，选择以节点中心（x, y）为中心、大小为 $n \times m$ 的搜索窗口 W，然后根据算法要求的搜索效率预先定义一个搜索窗口（通常是以第 i 帧中的块 W 为中心的一个对称窗口），在此范围内查找与图像搜索窗口大小相同的最佳匹配中心的位置 $r = (\Delta x, \Delta y)$。匹配过程示意图 2-3 如下：

图 2-3　节点模板图像匹配过程示意图

目前常用的匹配准则有：最大互相关准则，最小均方差准则，最小平均绝对值差准则，最大匹配像素数量准则（matching pel count，MPC）等[139][140]。本节采用最大匹配像素数量准则：

如果满足条件：$|I(x,y,k) - I(x + \Delta x, y + \Delta y, k + 1)| \leqslant T$；$T(x,y,\Delta x,\Delta y)$ $= 1$；

否则：$T(x,y,\Delta x,\Delta y) = 0$。

其中，T 为阈值，此时最大匹配像素数量准则为：

$$MPC(\Delta x,\Delta y) = \sum_{(x,y) \in W} T(x + \Delta x, y + \Delta y) \qquad (2-28)$$

$$[\Delta x, \Delta y] = \arg \min_{(\Delta x,\Delta y)} MPC(\Delta x,\Delta y) \qquad (2-29)$$

在不断对人体关键节点匹配的过程中，如果采用全搜索策略，即：通过对所有可能的位移量计算出对应的匹配误差，然后从中选择最小的匹配误差，并将该匹配误差对应的矢量定义为最佳位移估计值。虽然通过这种方法可以找出全局最优值，该搜索精度很高，但是在实际的监控环境下，由于受到光照、噪声和气雾等因素的影响，采集到的视频可能会存在清晰度低的问题，在这种情况下采用全搜索策略，算法的计算量会急剧增加。为了解决该问题，本节采用分数精度方法进行搜索，以此保证搜索精度，即：搜索的步长采用分数，而不是整数；相应的采样点由于遮挡等原因，可能在实际帧中没有，这是采用样点双内插方法得到。

第 i 帧图像中的节点和第 $i+1$ 帧中的节点匹配成功后，由于节点的运动不断变化，导致模板图像会不断发生变形，此时需要对模板进行更新。基本思想是利用在当前帧中提取到的的人体节点模板图像作为下一个时刻匹配计算的模板，通过模板更新就解决了行为人发生不同行为时，身体部位发生扭曲变形而导致如果只用固定不变的初始模板而不能成功匹配到发生扭曲变形后的节点目标。此外，由于采用模板更新方法对模板进行更新计算，常常或多或少都会与初始模板有一定的误差，这些误差再随着不断的更新计算会产生累计误差，最终会因为累积误差过大而不能正常跟踪。但是每帧都更新模板会导致计算量很大。因此，设置以下判断准则，当模板变化不满足下式则需要更新模板。假设在第 n 帧进行模板更新[139][140]，且该帧中取模板为 T_n

(i, j)，通过下式计算两个模板的相似度：

$$\Delta = \underset{x \in T_n}{\arg\min} \sum \left[corr(I_n, I_{n+1}) \times I_n - T_n(x) \right]^2 < T \qquad (2-30)$$

其中，Δ 是该时刻带匹配节点图像会模板之间的差值，该值小于阈值 T（该值根据实际监控环境确定），则不需要更新模板，$corr$（I_n，I_{n+1}）为前后帧的相关系数。当通过模板匹配重新得到遮挡后的节点轨迹时，该节点位置与改进粒子滤波算法跟踪获得的节点位置进行比较，当差值较小时，则可以确定出改进粒子滤波算法获得的轨迹属于具体的关键节点，从而为后面缺失轨迹点位置重建做准备。

2.3.5　基于 SFM 的人体遮挡位置轨迹点重建算法

当在监控环境采集到的视频为二维视频，即所获得的运动轨迹是二维坐标时，采用最小二乘法对人体遮挡位置二维轨迹点进行重建，具体步骤如下。

（1）轨迹跟踪阶段：将采集到的点进行 RANSAC 去噪，然后采用基于最小二乘法的多项式拟合方法对运动轨迹进行拟合，结合采集时间计算人体各个关节点在各个测量点的速度和加速度。

（2）下一时刻前的轨迹预测：对人体关键点的物理机理进行建模，获得运动的微分方程，求解此时刻运动的轨迹和速度。

（3）关节点轨迹预测：与下一时刻轨迹预测采用相同的方法。

当获得的运动轨迹是三维坐标时，则采用 SFM 算法对缺失轨迹点进行补偿，从而实现轨迹点重建。

近几年，在 3D 模型可视化方面的研究，已经取得了很大的进展。通过已知点数据，应用相关算法将丢失或者空缺点数据准确的插补或恢复出来，最终实现准确的三维信息重建，这就对插补或者恢复的点的位置信息准确度有了很高的要求，在 3D 重建技术中常用的点恢复算法是 SFM 算法。目前，该项技术已经开始应用于运动轨迹重建领域。

目前，SFM 算法广泛应用于三维建模、机器人手-眼标定、虚拟现实、自动导航、行为检测、图像/视频处理、远程遥感、图像浏览、目标分割和识别和军事用途等方面。在三维建模方面，通过创建 SFM 算法构建出物体的 3D 模型，从而得到复杂物体的精确尺寸、公差等。近年来，各国学者和研究人员对 SFM 算法都有了深入的研究，研究出的改进算法具有很高的分类精度。改进后的该类算法不仅可以得到正确的运动，而且可以解决运动目标常常出现的诸如由于遮挡或者跟踪失败导致的三维运动的缺失轨迹恢复问题。Crandall，David J 等提出从大量的下载图像中通过基于离散 MRF（Markov random field）SFM 算法和连续 Levenberg-Marquardt 估算出消失点[141]，重建出精确的物体的 3D 模型。Nouwakpo，Sayjro K 等提出利用 SFM 算法土壤地貌进行三维重建从而对其进行精确测量[142]。Kaiser，Andreas 等提出利用 SFM 算法对由于不切实际的使用测距雷达（LIDAR）等光电检测设备对难易测量到的沟、溪等土壤系统进行三维建模[143]，估算出光电设备不能测量到的沟、溪等地质位置坐标，从而实现对其地质结构的分析和监测土壤流失。Green，Susie 等提出本文阐述了使用 SFM 算法来创建从光电设备中采集到的 3D 点云[144]，并与其他软件结合，获得高精度 3D 模型，实验证明，该方法比其他建模方法更有效。SFM（Structure from Motion）常应用与运动物体的 3D 位置估计，即整个视频序列中事先制定一个跟踪对象并给出相应的 2D 运动特征，然后利用 SFM 算法在一定比例下将其二维信息在 3D 坐标系下恢复运动信息。在 SFM 算法中，输入量是一个物体运动的轨迹矩阵 $w_{2N \times M}$（N 为视频序列的帧数，P 为跟踪的目标数）。算法的结果是一个运动矩阵方程 M，该矩阵表示每一帧中跟踪点的旋转和变换；定义一个目标的形状矩阵 S，该矩阵包含每个目标的 3D 位置信息。

本章介绍利用 SFM（structure from motion）模型来重建人体各节点由于遮挡产生的缺失轨迹[145]。我们在 m 帧视频序列中考虑人体的 n 个节点的轨迹，

将其定义为一个 P_n 的集合，通过在一个矩阵 w_n 中叠加每幅图中的各条轨迹，通过这种方法可以表示出人体各个节点的运动，由此可以表示出人体各个节点的运动轨迹。因此我们将矩阵 w_n 定义如下：

$$w_n = M_n S_n = \begin{bmatrix} R_{1n}t_{1n}{}' \\ \cdots\cdots \\ R_{Fn}t_{Fn}{}' \end{bmatrix} \begin{bmatrix} X_1\cdots\cdots X_n \\ Y_1\cdots\cdots Y_n \\ Z_1\cdots\cdots Z_n \\ 1\cdots\cdots 1 \end{bmatrix} \qquad (2-31)$$

其中，M_n 是一个 $2F$ 的人体行为运动矩阵，S_n 是在其次坐标下的人体轮廓矩阵；矩阵 R_{fn}（$f=1$，$\cdots\cdots n$）是一个 3×3 的正交摄像矩阵，该矩阵满足 $R_{fn}R_{fn}^T = I_{3\times 3}$ 的约束条件。二维向量 t'_{Fn} 表示人体运动（在本章中，我们将人体运动看成是刚体运动，人体在发生运动的过程中不会发生突然弯腰、转身等形态变化）的二维变换矩阵；w'_n 测量矩阵为：$w'_n = w_n - t'1'_{Pn}$，$1'_{Pn}$ 为 P_n 向量和 $t' = [t'_1$，$\cdots\cdots t'_n]$。在本章中，由于遮挡导致的运动轨迹丢失，我们定义一个大小为 $F\times P_n$ 的二进制掩码矩阵 G_n，在由于遮挡数据缺失的情况下，我们定义大小的二进制掩码矩阵，用 1 表示一个已得到的轨迹，0 表示缺少轨迹。因此，根据文献[145]，我们定义下列公式：

$$w = [w_1 | w_2 \cdots\cdots | w_n] \qquad (2-32)$$

$$Minimize | G_n \otimes (w_n - M_n S_n) ||^2 \qquad (2-33)$$

$$R_{fn}R_{fn}^T = I_{3\times 3}, f=1, \cdots\cdots F$$

根据文献[146]，现在将人体各节点丢失轨迹恢复步骤总结如下：

（1）根据采集到的人体视频序列定义出视频集合 $I = \{I_1$，$I_2 \cdots\cdots I_n\}$。

（2）根据相邻的一帧或者几帧进行相关性估计，并通过前后帧的图像和两幅图中的人体节点相对位置建立重建图 G。

（3）估计出人体运动方向和节点的当前位置并建立一个人体节点运动轨迹集合。

（4）根据上述步骤，利用 SFM 算法估计出缺失位置的轨迹坐标。

2.4　实验与结果

本章中，我们利用现有的人体行为数据库[147]：KTH 数据库[148][149]、Weizmann 数据库[150][151]、UCF sports 数据库[155] 和我们的自建数据库，验证我们提出的特征提取方法。

2.4.1　KTH 数据库实验

该数据库由瑞典皇家理工学院（简称 KTH）计算机科学与通信学院（简称 CSC）计算机视觉与主动感知实验室（简称 CVAP）于 2004 年采集得到，简称 KTH 数据库，数据库包含 6 种人体行为，即步行、慢跑、快速奔跑、拳击、挥手和鼓掌。每种行为分别由 25 位受测者在 4 种不同场景中完成，如静止的背景、视频比例变化情况下的背景、穿风衣室外环境和室内环境和光照变化下的背景。该数据库采用刷新率为 25 帧/秒（简称 fps）的静止摄像机在相似的场景中采集，共有 600 个音频视频交错格式，示意图如图 2 - 4 所示。图 2 - 5 从行为人发生鼓掌行为（图 2 - 5 (a)）、奔跑行为（图 2 - 5 (b)）、拳击行为（图 2 - 5 (c)）和步行行为（图 2 - 5 (d)）为例，对人体结构模型结果图如下所示。在图中，由于行为演示者穿了外衣，所以在左右髋关节

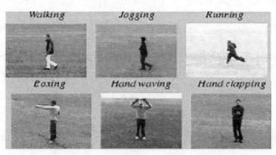

图 2 - 4　KTH 数据库中实验视频图例

点和中心节点按照人体的几何位置进行标记。其中蓝色标示的中心节点为整个人体运动的坐标中心，其他 13 个红色节点标示的为被分割出的人体 13 个节点：躯干、左右肩、左右上肢、左右手腕、左右髋关节、左右膝盖和左右脚踝，由于人体的脚踝和双脚距离很短，因此，此处可以看成一个部分，即可以用相同节点表示。由于人体的轨迹特征更为直观，当演示者发生不同行为的时候，体现在各个节点的运动轨迹也会发生相应的变化，所以在本章实验中，全部都是用 14 条人体节点运动轨迹表示出人体行为。

图 2 - 5　人体结构核型结果图

图 2 - 5（a）中蓝色的关键点为人体躯体中心，该点为整个行为人运动的坐标原点，人体所有的关键点都是围绕该点发生运动，行为人其他肢体部位用红色关键点表示，由于行为人是面对摄像机且发生鼓掌行为，关键点之间没有发生遮挡或者自遮挡等情况，因此，此时人体 14 个关键点全部可以找到；图 2 - 5（b）中行为人发生奔跑行为，此时蓝色关键点依然为人体躯体中心，由于行为人是发生侧身奔跑，此时部分人体关键点由于发生了自遮挡而寻找不到。

人体 14 个关键节点跟踪结果及其缺失轨迹恢复图如图 2 - 6 所示，分别是鼓掌（图 2 - 6（a））、奔跑（图 2 - 6（b））、步行（图（2 - 6（c））、打拳（图（2 - 6（d））、挥手（图 2 - 6（e））和拍手（图（2 - 6（f）））。通过利用本章中遮挡条件判断方法对需要恢复的人体关键点的运动轨迹进行关联，并利用 SFM 算法恢复缺失运动轨迹，从结果可以看出恢复后的运动轨迹的连贯性。

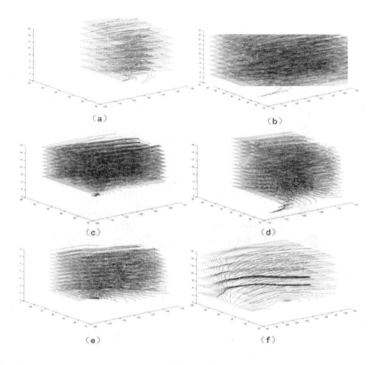

图 2 - 6　轨迹恢复结果图

2.4.2　Weizmann 数据库实验

Weizmann 数据库由以色列 Weizmann 科学院（简称 WIS）计算机科学与应用数学系（简称 CSAM）计算机视觉实验室创建，该数据库分成两个部分：基于事件分析的 Weizmann 数据库和基于时空形状的数据库。基于事件分析的 Weizmann 数据库创建于 2001 年，由 6000 帧视频构成，内容包括穿不同衣服的不同的人，主要执行以下几个动作：步行、奔跑、侧身行走、双脚跳跃、单脚跳跃、挥手跳跃、原地跳跃、弯腰、单臂挥手和双臂挥手。基于时空形状的数据库创建于 2005 年，所有的视频都是通过固定摄像机在简单的背景下拍摄得到的，而且不存在任何遮挡和视角变换的问题，视频中人体的尺寸和动作的快慢可以认为是不变的。此外，为了验证识别算法的鲁棒性，研究者还提供了验证库。实验图例分别如图 2-7。该数据库采用刷新率为 50 帧/秒（简称 fps）的静止摄像机采集，共有 110 个分辨率为 180×144 的 AVI 文件。因而，该数据库是一个相对简单的行为视频库。

图 2-7　Weizmann 数据库中实验视频图例

在图 2-8 中，分别以行为人的弯腰（图 2-8（a））、挥动双手跳跃（图 2-8（b））、奔跑（图 2-8（c））、挥手（图 2-8（d））、男士步行（图 2-8（e））和女士步行（图 2-8（f））为例，提取 14 个人体关键点，其中红色点表示为人体结构模型中各个关键点，蓝色的点为人体其他关键点运动的坐标中心，整个行为人的其他关键点都是围绕该点发生运动的。当行为人发生不同行为的时候，体现在各个节点的运动轨迹也会发生相应的变化。

以遮挡情况下的弯腰（a）、侧身跳跃（b）、侧身步行（c）、侧身奔跑（d）为例，轨迹恢复结果图如图 2-9 所示。通过利用本章中遮挡条件轨迹关联准则找出需要恢复的人体关键点的运动轨迹，并利用 SFM 算法恢复缺失运动轨迹，从结果可以看出恢复后的运动轨迹光滑且连续。

图 2-8　人体结构结果图

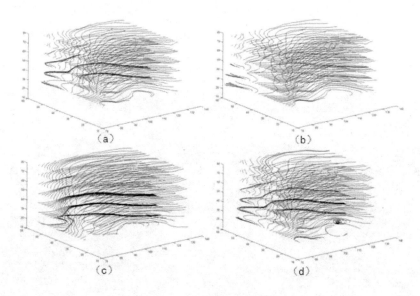

图 2-9　轨迹恢复结果图

2.4.3 UCF sports 数据库

该数据库由美国佛罗里达中心大学（University of Central Florida，简称 UCF）电子工程与计算机系研究人员创建。该数据库由 UCF aerial（创建于 2007 年，包括步行、奔跑、捡东西、开汽车门等行为）[153]、UCF ARG[154]（创建于 2008 年，由 12 个人进行的 10 个动作构成，包括拳击、运送物品、鼓掌、挖掘、跳跃、投掷和挥手等）、UCF sports[152][155]（创建于 2008 年，数据集总共包含了近 200 个行为视频，这些行为视频中记录的动作类别总共有 9 种，分别是跳水（含 16 个视频）、打高尔夫球（含 25 个视频）、踢腿（含 25 个视频）、举重（含 15 个视频）、骑马（含 14 个视频）、奔跑（含 15 个视频）、滑雪（含 15 个视频）、旋转（含 35 个视频）、步行（含 22 个视频））。UCF YouTube[156]（创建于 2009 年，包括 11 个动作，分别为投篮、骑自行车、跳水、打高尔夫球、骑马、打美式足球、旋转、打乒乓球、蹦床、跳跃、打排球和遛狗）和 UCF 50[155]（创建于 2010 年，由 50 个动作构成，包括打棒球、

图 2-10 UCF sports 数据库中实验视频图

投篮、骑自行车、打台球、蛙泳、跳水、击剑、打高尔夫球、弹吉他、高台跳水、骑马、转呼啦圈、投标枪、跳绳、弹钢琴等）等行为数据库构成，这些运动视频主要是来源于BBC、ESPN和YouTube等广播电视娱乐频道，具体介绍见文献[147]。本章采用UCF sports数据库做实验验证，图例如图2-10所示。

　　在图2-11中，分别以行为人踢球、跳马、打高尔夫球、小孩奔跑、男运动员踢球和小孩踢球为例，提取14个人体关键点，其中蓝色的点为人体其他关键点运动的坐标中心。红色为提取出的可视关键点。其中蓝色的关键点为人体躯体中心，该点为整个行为人运动的坐标原点，人体所有的关键点都是围绕该点发生运动，行为人其他肢体部位用红色关键点表示。

图2-11　人体结构结果图

　　人体14个关键节点轨迹恢复结果图如图2-12所示，分别是踢球（图2-12（a））、跳马（图2-12（b））、打高尔夫球是前进行为（图（2-12（c））、小孩奔跑（图（2-12（d））、男运动员踢球（图2-12（e））和小孩

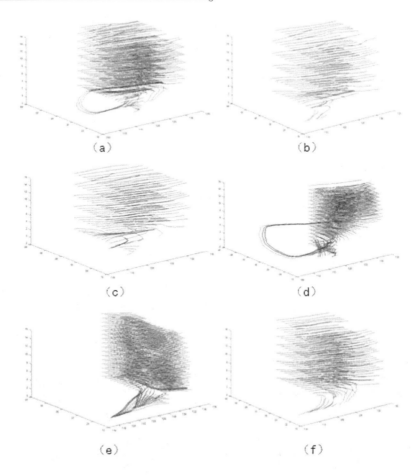

图 2 – 12　轨迹恢复结果图

踢球（图（2 – 12（f））。从轨迹恢复结果图中可以看出，本因遮挡而导致的多关键点运动轨迹缺失，通过遮挡 SFM 算法可以准确的将各可视关键点缺失轨迹恢复出来。

2.4.4　自建数据库

为了验证本章提出的算法有效性，我们在不同场景环境下自拍了 30 段视频，每段视频时间长为 30s ~ 60s，分辨率为 1048 × 1448 像素，帧数最大 25

帧/秒，包括的动作有拳击、挥手、投篮、跳跃、小跑和舞蹈等。每段视频包括 5 个以上动作，每段视频的所有动作由一个人或多人连续完成。具体见图 2 – 13。

图 2 – 13　自建数据库中实验视频图例

图 2 – 14 为自建人体行为数据库中人体结构结果图，分别以行为人步行（图 2 – 14 （a））、下蹲（图 2 – 14 （b））、小跑（图 2 – 14 （c））和挥手（图 2 – 14 （d））为例提取人体可视关键点，其中，蓝色点为整个人体其他关键点运动中心坐标，红色点为可视关键点。以遮挡情况下的拳击 （a）、侧身弯腰（b）、投篮 （c）、侧身下蹲 （d） 为例，轨迹恢复结果图如下图 2 – 15 所示，其中图 2 – 15 （a） 表示拳击时的轨迹恢复结果图、图 2 – 15 （b） 表示侧身弯腰时的轨迹恢复结果图、图 2 – 15 （c） 表示投篮时的轨迹恢复结果图和图 2 – 15 （d） 表示侧身下蹲时的轨迹恢复结果图。从轨迹恢复结果图中可以看出，人体跟踪到的关键点轨迹被很好的恢复出来，SFM 算法可以很好的将各可视关键点缺失轨迹恢复出来。

图 2-14　人体结构结果图

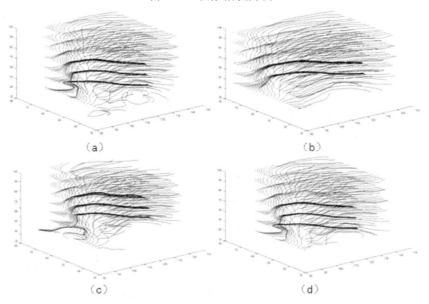

图 2-15　轨迹恢复结果图

2.5　本章小结

　　本章首先利用一种对人体结构进行关键点建模的方法，将人体转换为一个由 14 个关键点构成的人体模型；然后利用基于马尔科夫链蒙特卡罗原理的改进粒子滤波算法，对人体 14 个关键点进行多目标跟踪，并通过关键点部位的图像模板匹配和颜色直方图制定的关联判断准则，对需要恢复轨迹进行关联；最后利用基于 SFM 的人体遮挡位置轨迹点重建算法，得到人体全部关键点的非遮挡和遮挡情况下的运动轨迹，最终实现用人体关键点运动轨迹表示人体行为的目的。本章最后通过 KTH 数据库、Weizmann 数据库、UCF sports 数据库和自建数据库分别对上述算法进行验证，验证本章方法的正确性和有效性。

第 3 章　基于词包的人体行为特征表示

3.1　引言

运动特征是指从动作低层数据中提取某些可以表征人体行为的信息。目前，在人体行为识别领域常用的特征有剪影特征、光流特征、时空特征、轨迹特征和时空兴趣点特征等。其中，被广泛采用的剪影特征的优点是剪影不受颜色和纹理等不相关特征的影响，但是该特征不适于在自遮挡情况下使用。光流特征[157]是指由于变化的亮度模式，在随着时间变化的二维图像序列中处于运动状态的三维场景会随着亮度模式的变化而产生相应的流动，该流动被定义为光流。基于轨迹的方法是将人体的行为用人体结构模型中的运动轨迹来表示，通过识别运动轨迹来实现识别人体行为。基于时空特征的方法是用一些从 3D 时空体积中提取的局部特征表示和识别人体行为的方法。时空兴趣点特征是视频中空间和时间上梯度变化显著的像素点，该特征将人体动作信息以一些不关联的点的形式进行描述，所以只需要提取出少量的兴趣点就可以对人体行为进行分析和识别。目前，在识别简单行为时常用时空体积特征、轨迹特征和时空局部特征三种方法。国内外研究人员对此做了深入的研究，具体介绍如下[3][4]。

3.1.1 时空体积特征

时空体积特征是指将输入的视频或者图像序列看作三维的时空体（XYT），可以是整体的时空体积，也可以是提取出的时空特征点的集合。利用三维 XYT 时空体积模型表示人体每个行为。

Bobick 和 Davis[158] 提出将运动能量图像（MEI）和运动历史图像（MHI）结合表示行为，并定义两类模板（用二值表示行为和图像序列中的近因函数），该算法可以很好的对室内儿童的行为进行识别。Shechtman 等[159] 将二维相关图像信息转换为三维时空体积特征识别人体行为，但是该算法不适合处理图像尺度存在微小变化的情况。Ke 等人[160] 提出一种新的基于时空形状算法识别人体行为，该算法结合了形状和特征流检测视频中的行为，在识别过程中不需要通过消除背景提取轮廓特征。Rodriguez 等人[161] 利用最大平均相关高度滤波器（MACH）识别人体行为，通过该滤波器产生 3D 时空体积特征和向量值数据。Dollar 等[162] 提出一种新的时空兴趣点检测方法，并通过时空窗数据识别人体行为。Zhang 等提出[163] 一种 Motion Context 行为表示法，用等 D 描述子表示人体行为，该方法可以在运动图像（MI）中得到运动词。Blank 等[164] 将人体行为定义为三维形状，并利用泊松公式提取时空特征用于识别人体行为。

基于 STV 的人体行为识别方法将人体的时空特征有效结合起来，对先验知识依赖性不强，识别精度高。主要缺点是 STV 特征的提取需要很好地分割出人体识别区域的轮廓，并且受到摄像机拍摄视角和人体遮挡及自遮挡的影响很大。此外，很难识别场景中的多人目标。

3.1.2 轨迹（Trajectories）特征

基于轨迹的方法是用人体的行为用人体结构模型中的运动轨迹来表示，

通过识别运动轨迹来实现识别人体行为。该方法中，人体通常被建模为一个
2D/3D 空间模型，用关键点表示出人体结构模型，通过人体关键点的轨迹来
识别出人体行为类别。

Yilmaz 等[165]提出在两个行为中采用多视角几何算法克服相机移动带来的
人体运动部位轨迹获取不准确的问题。Campbell 等[166]利用相空间表示人体运
动，其每个轴对应人体的一个独立参数，在每一帧图像中，静止的人对应于
人体相空间中的一个点，而运动的人则对应于人体相空间中的一组点；Rao
等[167]提出抽取出 3D XYT 时空曲线峰值的位置，将这些峰值特征转换为视觉
不变量并利用它识别行为。Lu 等[168]提出使用一个 PCA-HOG 算子表示运动员
行为，用于跟踪和识别一些人体运动动作（例如曲棍球和足球），该方法具有
很强的鲁棒性。Bodor 等[169]提出先使用卡尔曼滤波器确定出行人步行的位置
和速度，以此为特征识别出行为人进入安全区域、无规律的奔跑、闲逛等行
为。Messing 等[170]使用 KLT 跟踪方法对视频中关键点的兴趣特征点进行跟踪，
将得到的轨迹特征转化为历史速度特征（velocity history feature）并做成词包
特征，从而实现人体行为识别。Wang 等[171]提出利用密度轨迹（dense trajec-
tories）描述行为，利用梯度方向直方图（HOG：Histogram of Oriented Gradi-
ent）、光流方向直方图（HOF：Histogram of Optical Flow）等特征表示密度轨
迹。该算法融合了轨迹形状、外形特征和运动信息。该算法对于突变行为识
别具有很好的鲁棒性。

3.1.3 时空局部特征

该方法是用一些从 3D 时空体积中提取的局部特征表示和识别人体行为的
方法。Chomat 等[172]提出利用局部时空特征描述来表示行为，并利用节点统
计特性时空滤波器定义行为直方图属性；Zelnik 等[173]通过提取多时空尺度下
的时空局部特征，计算每帧的时空梯度特征，利用聚类分类行为；Bregonzio

等人[174]提出一种从兴趣点集合中提取整体特征（holistic feature）描述人体行为，算法鲁棒性好，适合识别突变行为；Rapantzikos 等人[175]提出利用包含颜色、运动信息的特征点作为局部特征进行行为识别；Blank 等[176]提出对时空体积中的每个像素点计算表面局部特征，使用 Poisson 方程抽取形状结构和时空方向等特性，然后利用谱聚类法进行行为识别；Laptev 等[177]提出利用时空兴趣点区域表示行为，通过最大化归一化时空拉普拉斯算法识别行为；Niebles 等[178]提出利用从时空兴趣点中转换的时空兴趣词作为特征描述行为；Savarese 等[179]提出利用时空相关图提取的时空运动特征描述人体行为；Ryoo 等[180]提出利用时空关系匹配方法计算出两段视频中提取的特征间的结构相似性，通过匹配到的时空特征点识别非周期性人体复杂行为。Kim，Sun Jung 等[181]提出从 3D 时空体积中提取出 4D 时空兴趣点（X，Y，Z，T）。Hemati，R 等[182]提出利用时空特征构建"关键点包"特征，并利用 SVM 对行为进行识别。Li，Chuanzhen 等[183]提出利用多速度时空兴趣点（MVSTIPS）和运动能量方位直方图（MEOH）描述人体行为。Sekma，Manel 等[184]提出利用时空金字塔描述子（STPR）表示人体行为，该算子将时空信息导入局部 SIFT 特征，并用多核学习方法对不同时空金字塔层的柱状图信息进行融合。Golparvar Fard，Mani 等[185]提出在时空视觉特征中提取出时空兴趣点并用 HOG（histogram of oriented gradients）描述每个特征，最后使用 SVM 进行行为分类。

由于时空特征点（space-time interest points，简称 STIP）能检测空间方向和时间方向上人体动作状态的变化，具有旋转、平移和缩放等不变性的优点，即使在复杂背景、人体形状变化和出现部分遮挡等情况下，STIP 仍能比较稳定和有效地描述识别人体动作。因此，本章采用 STIP 和相空间特征结合的综合特征用于人体复杂行为识别。

本章针对以往识别结果受到目标的像素和外形特征等因素影响，将人体行为序列定义为一个非线性系统并简化相应的数学模型，即：将一系列人体行为即已得到的关键点轨迹定义为一个非线性系统，并用一个非线性映射描述行为的时间和状态，利用相空间理论对已得到的关键点轨迹进行相空间重构获得相空间特征；利用词包法将相空间特征、时空兴趣点特征进行融合得到人体复杂行为综合特征，最后利用未经改进的 PLSA 识别算法在人体行为公共数据库 KTH 数据库、Weizmann 数据库、UCF 数据库和我们自建数据库进行实验，实验结果表明了该特征的有效性。

3.2　时空兴趣点特征

目前，时空兴趣点特征广泛用于人体行为识别领域，例如：Zhu Yu 等利用深度图像的时空兴趣点（STIP）特征进行人体动作识别[186]。Marin-Jimenez，Manuel J 等利用密度采样 STIP 特征对人体交互行为进行识别[187]。STIP 特征提取方法简要介绍如下[174]。

对于空间域图像 f^p，给定观测尺度 δ_t^2 和平滑尺度 $\delta_i^2 = s\delta_t^2$，根据哈里斯角点检测方法通过找到的图像兴趣点可以得到：

$$\mu^{sp} = g^{sp}(\cdot;\delta_i^2) * ((L_x^{sp})^2(L_x^{sp}L_y^{sp}) \tag{3-1}$$
$$(L_x^{sp}L_y^{sp})(L_y^{sp})^2)$$

其中，L_x^{sp} 和 L_y^{sp} 为如下定义的高斯微分函数。

$$L_x^{sp}(\cdot;\delta_t^2) = \partial_x(g^{sp}(\cdot;\delta_i^2) * f^p) \tag{3-2}$$

$$L_y^{sp}(\cdot;\delta_t^2) = \partial_y(g^{sp}(\cdot;\delta_i^2) * f^p) \tag{3-3}$$

式中，$g^{sp}(\cdot;\delta_i^2)$ 和 $g^{sp}(\cdot;\delta_t^2)$ 分别为平滑窗函数和观测窗函数。

$$g^{sp}(x,y;\delta^2) = \frac{1}{2\pi\delta^2}\exp\left(\frac{-(x^2+y^2)}{2\delta^2}\right) \tag{3-4}$$

$$\mu^{sp} = \det(\mu^{sp}) - k\,trac^2(\mu^{sp}) = \lambda_1\lambda_2 - k(\lambda_1+\lambda_2)^2 \tag{3-5}$$

当视频图像中的像素点出现图像强度值在空间域和时间域上都有显著变化时（时空兴趣点），定义函数：$f: R^2 \times R \to R$，并将其与高斯核函数做卷积得到的结果即为尺度空间 L，该空间定义为：$L: R^2 \times R \times R_+ \to R$

$$L(\,\cdot\,;\delta_l^2,\tau_l^2) = g(\,\cdot\,;\delta_l^2,\tau_l^2) * f(\,\cdot\,) \tag{3-6}$$

其中，高斯核函数为：

$$g(x,y,t;\delta_l^2,\tau_l^2) = \frac{\exp\left(\dfrac{-(x^2+y^2)}{2\delta_l^2} - \dfrac{t^2}{2\tau_l^2}\right)}{\sqrt{(2\pi)^3\delta_l^4\tau_l^2}} \tag{3-7}$$

将空间域的 2×2 矩阵推广到空间域包含时间微分的 3×3 矩阵，并得出：

$$\mu = g(\,\cdot\,;\delta_i^2,\tau_i^2) * \begin{pmatrix} (L_x^2)(L_xL_y)(L_xL_t) \\ (L_xL_y)(L_y^2)(L_yL_t) \\ (L_xL_t)(L_yL_t)(L_t^2) \end{pmatrix} \tag{3-8}$$

其中，$g(\,\cdot\,;\delta_i^2,\tau_i^2)$ 为平滑函数，该函数在空间域和时间域的平滑尺度分别为：$\delta_i^2 = s\delta_l^2$ 和 $\tau_i^2 = s\tau_l^2$，并通过 Harris 方法检测这些点[174][188]。

为了对一段时空图像序列进行建模，使用函数 f 和 L，并定义以下函数：

$$L(\,\cdot\,;\delta_l^2,\tau_l^2) = g(\,\cdot\,;\delta_l^2,\tau_l^2) * f(\,\cdot\,) \tag{3-9}$$

具备高斯核的时空函数为：

$$g(x,\ y,\ t;\ \delta_l^2,\ \tau_l^2) = \frac{\exp\left(\dfrac{-(x^2+y^2)}{2\delta_l^2} - \dfrac{t^2}{2\tau_l^2}\right)}{\sqrt{(2\pi)^3\delta_l^4\tau_l^2}} \tag{3-10}$$

$$\mu = g(\,\cdot\,;\ \delta_i^2,\ \tau_i^2) * \begin{pmatrix} (L_x^2)(L_xL_y)(L_xL_t) \\ (L_xL_y)(L_y^2)(L_yL_t) \\ (L_xL_t)(L_yL_t)(L_t^2) \end{pmatrix} \tag{3-11}$$

其中，融合尺度为：$\delta_i^2 = s\delta_l^2$ 和 $\tau_i^2 = s\tau_l^2$，最后定义出扩展后的 *Harris*

函数，

并且该函数的最大值即为时空兴趣点：

$$H = \det(\mu) - k trace^3(\mu) = \lambda_1 \lambda_2 \lambda_3 - k(\lambda_1 + \lambda_2 + \lambda_3)^3 \qquad (3-12)$$

本章利用文献[185]中使用 HOG（histogram of oriented gradients）描述每个特征。

3.3　人体轨迹相空间重建及特征

3.3.1　相空间

在 20 世纪 90 年代，人们通过对自然界和人类社会中普遍存在的混沌现象的研究，逐步建立了混沌理论，并在研究过程中广泛应用混沌理论和分形理论对非线性的时间序列进行分析，而相空间重构即是为此而提出的方法，它是一种常用的研究混沌特性的方法，是非线性时间序列分析的重要基础。由于混沌现象广泛存在于自然界，因此混沌时间序列分析有广泛的应用。近年来，随着对混沌、分形等非线性理论的深入研究，很多成果已经应用到了自然科学和社会科学的很多方面。严格的说，人体行为运动的特性绝大多数情况下也都是非线性的。

相空间重构的基本理论是依据 Takens. F 和 R. Mane 的延迟嵌入定理，是根据有限的数据来重构吸引子用以研究系统动力行为的方法，基本思想是系统中任一分量的演化都是由与之相关的分量决定，由于系统中相关分量的信息隐含在任一分量的发展过程中，因此通过系统的一个观测量可以重建出原系统模型。

相空间重建理论中的吸引子[189]，是在相空间里一切靠近吸引子的运动都将趋向于它。目前主要采用的相空间重构方法是，通过选取两个重要参数嵌

入维数 d 和时间延迟 τ 对系统进行相空间重构，通过该方法就可将系统由低维拓展到高维。

进行相空间重构的理论基础即是著名的 Takens 定理[190][191]，由 Takens 定理可知：

定义 1 令两个度量空间分别为：(N_1, ρ_1) 和 (N_2, ρ_2)，如果两者存在映射关系 ψ，则满足以下关系：

（1）ψ 满射；

（2）$\rho_1(x, y) = \rho_2(\psi(x), \psi(y))$ $(\forall x, y \in N)$，则称 (N_1, ρ_1) 和 (N_2, ρ_2) 是等距同构的。

定义 2 如果 (N_1, ρ_1) 和 (N_2, ρ_2) 的子空间 (N_0, ρ_0)

在没有噪声及无限长数据集合的理想状态下，延迟时间 τ 可以被任意选择，但是如果限定了时间序列长度，且在现实情况下系统或多或少都有噪声，此时该参数的选择就显得尤为重要。

L_2 范数下定义平均位移 $S_2(m, \tau)$ 为：

$$S_2(m, \tau) = \frac{1}{p} \sum_{j=1}^{p} \sqrt{\sum_{i=1}^{m-1} (x_{j+l} - x_j)^2} \qquad (3-13)$$

在范数定义下，平均位移 $\bar{S}(m, \tau)$ 定义为：

$$\bar{S}(m, \tau) = \frac{1}{p} \sum_{j=1}^{p} \max_{1 \leqslant l \leqslant m-1} |(x_{j+l} - x_j)| \qquad (3-14)$$

式 $(1-18)$ $S_2(m, \tau)$ 和 $(1-19)$ $\bar{S}(m, \tau)$ 中记为：$S(m, \tau)$。

重构状态空间的轨线从状态空间对角线打开的程度用平均位移 $S(m, \tau)$ 表示，该参数可以表示当增加 τ 时，冗余误差的减少程度。当 τ 增加时，$S(m, \tau)$ 相应地增加，对于较大的 m，在某个 τ 处 $S(m, \tau)$ 不再增加，建议取 $S(m, \tau) - \tau$ 曲线的斜率减少到小于初值 40% 时的 τ 为最佳延迟时间间隔。

在相空间重建中，延迟时间 τ 是一个重要参数，该参数决定了相空间相点中各分量的间隔。常见求延迟时间 τ 的方法有交互信息法、平均位移法、自相关法等、复自相关法和互信息法等。具体介绍见文献[192]。

（1）交互信息法。该方法利用两个随机变量之间的相关性对该参数进行度量。序列 x_i 由该信息决定，且决定了 $x_{i+\tau}$ 具有多少信息量，表示方法如下：

$$I(\tau) = \sum_{x_\tau, x_{i+\tau}} P(x_i, x_{i+\tau}) \log\left[\frac{P(x_i, x_{i+\tau})}{P(x_i)P(x_{i+\tau})}\right] \qquad (3-15)$$

取 $I(\tau)$ 的第一个最小值为系统延迟时间。

（2）平均位移法。该方法的基本思想是利用平均位移衡量状态点对对角线扩展程度，通过求得不相关误差和冗余误差之间的最优平衡值得到延迟时间的最小平均误差值。其中，平均位移法中平均位移的计算公式为：

$$S_m(t) = \frac{1}{n} \sum_{i=1}^{n} \sqrt{\sum_{j=1}^{m-1} [x(i-j\tau) - x(i)]^2} \qquad (3-16)$$

（3）自相关法。该方法提取时间序列中的线性相关的特性，通过在时间序列中计算出出自相关函数与 τ 之间的关系，确定该参数的方法。

对于时间序列 $\{x_i, i=1, 2, \cdots\cdots, n\}$，通过求得自相关函数 $T_\tau = \dfrac{\sum x_i x(i+\tau)}{\sum x_i^2}$ 的第一个极小值得到最佳延迟时间。此方法缺点是计算量会很大。

最小嵌入维数的确定。目前，嵌入维的计算方法主要有 C-P 法[193]、伪近邻法[194]、Cao[194][195] 方法等。常见的方法介绍如下：

（1）最大特征值不变法。向量集中 $\{X_j | j=1, 2, 3, \cdots\cdots, p\}$ 包括了原时间序列中的全部元素，根据嵌入理论基础，原空间状态下的一些特征由集合 $\{X_j\}$ 构成的相空间保留，向量集 $\{X_j\}$ 构造如下轨道矩阵：

$$X = \frac{1}{\sqrt{p}} [X_1^T, X_2^T, X_3^T, \cdots\cdots, X_p^T]^T \qquad (3-17)$$

对 X 构造协方差矩阵 $S = X^T X$，通过计算维数 m 递增变化但是该矩阵的最大特征值却不会发生变化时确定出最小维数 m。

（2）几何不变量法。基于 Takens、Sauer 等人提出的理论，在实际应用中，先计算出吸引子的某些几何不变量（如关联维数、Lyapunov 指数等），利用 m 的稳定性，即当 m 值增加到一定值时，直到这些量不会发生变化。

（3）伪邻近法。该方法的基本思想：当维数 m 不断递增时，对比并确定出轨线 X_i 临近点中的真实邻点和伪邻点，设 $X_{\eta(l)}$ 是 X_i 的最近邻点，它们之间的距离为 $\|X_{\eta(l)} - X_i\|^{(m)}$；

$$\frac{\|X_{\eta(l)} - X_i\|^{(m+1)} - \|X_{\eta(l)} - X_i\|}{\|X_{\eta(l)} - X_i\|^{(m)}} > R_T \tag{3-18}$$

则 $X_{\eta(l)}$ 是 X_i 的虚假最近邻点。

若

$$\frac{\|X_{\eta(l)} - X_i\|^{(m+1)}}{\sqrt{\frac{1}{N} \sum_{i=1}^{N} (x_i - \bar{x})}} > 3 \tag{3-19}$$

其中，$\bar{x} = \frac{1}{N} \sum_{i=1}^{N} x_i$，则此时 $X_{\eta(l)}$ 是 X_i 的伪邻近点。

对于通过增加 m 到伪邻近点的比例小于 5% 或伪邻近点不再随着 m 的增加而减少时，可以认为此时 m 为最小相空间维数。

（4）CAO 方法。该方法是伪近邻法的改进方法，具体步骤如下：

---

1 $x_m^{\xi}(i) = [x^{\xi}(i), x^{\xi}(i+\tau), \cdots\cdots x^{\xi}(i+(m-1)\tau)] \in R^m$ // 重建相空间点的维数 m，N 为时间序列的点总数

2　　for　$m = 1 \cdots\cdots M$ do

　　　　for $i = 0, \cdots N-1-m\tau$ do

　　　　寻找 $x_m^{\xi}(i)$ 的最近邻

　　　　$a(i,m) = \dfrac{\|x_{m+1}^{\xi}(i) - x_m^{\xi}(i+1)\|}{\|x_m^{\xi}(i) - x_m^{\xi}(i+1)\|}$

End

3      $E(m) = \dfrac{1}{N - m\tau}\sum_{i=1}^{N-m\tau} a(i,m)$

4   if $m \geq 2$ then

$$E' = \frac{E(m)}{E(m-1)}$$

       End

5   if $m \geq 3$ then

       if $\| E'(m-1) - E'(m-2) \| < Thed$ then

         break

       End

     End

End

其中，$\| \cdot \|$ 为向量的范数，$1 \leq n(i,m) \leq N - m\tau$，$n(i,m)$ 为整数。

如果满足 $\| E'(m-1) - E'(m-2) \| < Thed$，则寻找下一个最近的向量：

$$E(m) = \frac{1}{N - m\tau}\sum_{i=1}^{N-m\tau} a(i,m) \qquad (3-20)$$

（5）预测误差最小法

该方法根据 Takens 嵌入定理，当 τ 时最佳延迟时间间隔，m 是最小嵌入相空间维数时，存在映射 $F: R^m \rightarrow R$，使得

$$X_{i+1} = F(X_i) \ 或 \ x_{i+1+(m-1)\tau} = F_1(X_m) \qquad (3-21)$$

当 X_i 和 X_j 靠近时，$x_{i+1+(m-1)\tau}$ 和 $x_{j+1+(m-1)\tau}$ 也会相应靠近，因此

$$\| X_{\eta(l)} - X_i \|^{(m)} = \min_{j=1,2,\cdots,p} \| X_j - X_i \| \qquad (3-22)$$

误差公式为：

$$E(m, \tau) = \frac{1}{p}\sum_{i=1}^{p-1} | x_{i+1+(m-1)\tau} - x_{\eta(l)+1+(m+1)\tau} | \qquad (3-23)$$

当 $E(m,\tau)$ 最小时，m 即为最小嵌入相空间维数。

（6）经验赋值法

该方法根据非线性系统选取经验值。

3.3.2 相空间重建及特征提取

我们使用前面章节介绍的人体结构模型，利用人体结构模型不仅可以克服检测时对摄像视角的依赖，还可以通过只用 14 个人体节点的特征就能表示整个人体行为而大大减少监控效率。我们在文献[196]的基础上进行扩展，在行为人发生行为过程中，如果没有发生遮挡、自遮挡和光照不均匀等原因导致的人体目标丢失等情况，该运动序列可以看成是一个线性系统，但是如果发生上述情况导致目标跟踪错误将会导致行为人部分关键点运动轨迹缺失，因此，在这些情况下人体发生行为的过程则应该看成是一个非线性系统，此时需要将维数和嵌入延迟系数导入人体运动的动态系统中。我们用先前章节得到的 14 个人体关键点的运动轨迹重建出运动轨迹的相空间。我们首先定义一个非线性动态系统代替传统的梯度和兴趣点的光流来识别人体行为，通过一个一维时间序列 $x(t)$ 重建出一个 k 维状态相空间的动态系统[197]。我们根据文献[198]方法定义一个非线性映射的动态系统，用它来表示时间状态：

$$x(t) = [x_1(t), x_1(t), \cdots\cdots x_m(t)] \in R^m \qquad (3-24)$$

Martino[199] 提出基于 Taken 的相空间重建理论，也即如果通过合理的假设得到足够大的维数 m，则可以得到该条件下的吸引子。根据文献[200]相空间中的每个点计算如下：

$$x_n = [x_n x_{n-\tau} \cdots\cdots x_{n-(d-1)\tau}] n = (1 + (d-1)\tau) \cdots\cdots N \qquad (3-25)$$

其中，x_n 为时间序列中的第 n 个点，延迟时间 τ，N 为时间序列中的点数，d 为相空间的维数，$d_j(0) = \min_{X_j} \|X_j - X_j\| \|j - \hat{j}\| > p$ 用来表示身体结构模型的集合序列。

通过 Takens[191][200]，我们先定义以下参数：

$Y_{K_n}^N$：时间序列，计算公式如下：

$$Y_{K_n}{}^{\eta N} = \left[z^\eta(t), z^\eta(t+\tau), \cdots\cdots, z^\eta(t+(m-1)\tau) \right] \qquad (3-26)$$

其中，$Y_{K_n}{}^{\eta N}$ 是重建的相空间中的一个点，m 是嵌入维数，τ 是嵌入式延迟。因此，相空间可以由 m 重建出来，嵌入式延迟 τ 决定了重建的相空间属性。这种方法利用初始序列和后面的延迟序列的互相关信息计算出延迟互信息的最小值，从而算出延迟系数。

为了保证系统运算实时性，本章相空间的嵌入维数参照文献[201][202]采用伪近邻法计算，该方法的收敛条件为嵌入维数一直递增直到相空间中所有点展开。具体步骤如下：

算法简介：

For $d = 1:M$；

　For $i = 1:N-1-m\tau$

　　Find $x_d^{NN}(j)$

$$a(i,d) = \frac{\| x_{d+1}(i) - x_{d+1}^{NN}(j) \|}{\| x_d(i) - x_d^{NN}(j) \|}$$

End for

$$E(d) = \frac{1}{N-d\tau} \sum_{i=0}^{N-1-\tau} a(i,d)$$

　If $d >= 2$ then

$$E_1(d-1) = \frac{E(d)}{E(d-1)}$$

End if

　　If $d >= 3$ then

　　If $\| E_1(d-1) - E_1(d-2) \| < d_0$ then

　　Break

　End if

End if

End if

End for

本章中利用互相关信息[256]得到延迟参数，具体介绍如下：

构建出的相空间矩阵转置矩阵可以写成下式：

$$\begin{pmatrix} x(t_1),x(t_1+\tau),\cdots\cdots,s(t_1+(d-1)\tau) \\ x(t_2),x(t_2+\tau),\cdots\cdots,s(t_2+(d-1)\tau) \\ \cdots\cdots\cdots\cdots\cdots\cdots\cdots\cdots \\ x(t_n),x(t_n+\tau),\cdots\cdots,s(t_n+(d-1)\tau) \end{pmatrix} \quad (3-27)$$

其中 τ 表示延迟系数，设 $X = \{x(t_1),x(t_2),\cdots\cdots,s(t_n)\}$ 和 $Y = \{x(t_1+\tau),x(t_2+\tau),\cdots\cdots,s(t_n+\tau)\}$。因此，我们可以定义出：

$$I(X,Y) = H(X) + H(Y) - H(X,Y) \quad (3-28)$$

其中，$H(X)$ 和 $H(Y)$ 分别是 X,Y 的熵，$H(X,Y)$ 为 X,Y 的互熵。$H(X)$ 和 $H(Y)$ 计算公式如下：

$$H(X) = -\sum p(x_i)\log_2(p(x_i)) \quad (3-29)$$

$$H(Y) = -\sum p(y_i)\log_2(p(y_i)) \quad (3-30)$$

$$H(X,Y) = H(Y,X) = -\sum_{i,j} p(x_i,y_j)\log_2(x_i,y_j) \quad (3-31)$$

因此，可以得到：

$$I(X,Y) = \sum_i \sum_j p_{xy}(x_i,y_j)\log_2\left[\frac{p_{xy}(x_i,y_j)}{p_x(x_i)p_y(y_j)}\right] \quad (3-32)$$

$$E(x_i,y_j) = N\left(\frac{O(x_i)}{N}\right)\left(\frac{O(y_j)}{N}\right) = \frac{O(x_i)O(y_i)}{N} \quad (3-33)$$

$$\lambda^2 = \sum_{i=1} \sum_{j=1} \frac{\{O(x_i,y_j) - E(x_i,y_j)\}^2}{E(x_i,y_j)}$$

因此，我们可以估计 λ^2 的自由度为：$m = (N-1)^2$

$$P = G\left(\frac{m}{2},\frac{\lambda^2}{2}\right) = 1 - \frac{1}{\Gamma\left(\frac{m}{2}\right)}\int_1^{\frac{\lambda^2}{2}} e^{-t}t^{\left(\frac{m}{2}\right)}dt$$

$$= \frac{1}{\Gamma\left(\frac{m}{2}\right)} \int_{\left(\frac{m}{2}\right)}^{\infty} e^{-t} t^{\left(\frac{m}{2}\right)} dt \qquad (3-34)$$

得到上式后，我们根据文献[247]定义一个二维密度函数 $P_k(\omega)$

$$P_k(\omega_x, \omega_y) = P_k^{(m)}(\omega_x, \omega_y) + P_k^{(n)}(\omega_x, \omega_y) \qquad (3-35)$$

其中，

$$P_k^{(m)}(x_i, y_j) = \binom{N-1}{k} \frac{d^2[y_i^k]}{dx_i dy_j}(1-p_i)^{N-k-1} \qquad (3-36)$$

$$P_k^{(n)}(x_i, y_j) = (k-1)\binom{N-1}{k} \frac{d^2[y_i^k]}{dx_i dy_j}(1-p_i)^{N-k-1} \qquad (3-37)$$

其中，$q_i = q_i(x_i, x_j)$ 为计算窗口 $x_i \times y_j$ 的中心，p_i 为计算窗口 $x_i \times y_j$ 中的 $\max\{x_i, y_j\}$。现将上式正则化如下：

$$E(\log y_i) = \iint_1^{\infty} dxdy P_k(x_i, y_j) \log y_i^k \, \hat{o}(x_i, y_j) \qquad (3-38)$$

其中，

$$P_k \propto \frac{d^m[y_i^k]}{dx}(1-p_i)^{n-k-1} \qquad (3-39)$$

$$P_k(x_1, \cdots\cdots, x_i) = k^{m-1}\binom{N-1}{k} \frac{d^m[y_i^k]}{dx_1 \cdots\cdots dx_i} \times (1-p_i)^{N-k-1} \qquad (3-40)$$

文献[200]为利用互相关信息得到延迟系数，利用互信息计算迟延 τ 的伪代码算法。

MIN $\_$ MI $> h$ //设置阈值

for $\tau = 1 : \max(\tau)$

$$M(\tau) = \sum_{x_n, x_{n+\tau}} P(x_n, x_{n+\tau}) \log\left(\frac{P(x_n, x_{n+\tau})}{P(x_n)P(x_{n+\tau})}\right)$$

If $M(\tau) < \min \_ MI$ then

　　$\min \_ MI = M(\tau)$

Else

　　Break

　　Endif

End for

通过上面的方法可以得出延迟系数和嵌入维数两个重要的参数，然后根据文献[203]的方法，得到人体所有节点的所有相空间，步骤如下：

(1) 将人体节点轨迹中的 n 个变量的时间序列 $Y_{K_n}{}^{\eta N} = [z^{\eta}(t), z^{\eta}(t + \tau),$ ……$, z^{\eta}(t + (m-1)\tau)]$ 进行归一化处理，并提取出 n 个主分量；

(2) 对 n 个主分量分别求出维数的最大值和延迟时间的最小值作为重构相空间的嵌入维数和延迟时间；

(3) 利用得到的参数重构出 n 个变量的相空间；

(4) 将得到的相空间中相对应的相点根据贝叶斯估计方法确定为最佳相点，并最终得到新的相空间，即可以表示出一个人体行为的相空间 $\hat{x}^{\eta}$。

$$
\bar{x}^{\eta}(t) = \begin{bmatrix} \overline{Y_{K_n 1 + (d-1)\tau}{}^{\eta N}} \\ \overline{Y_{K_n 2 + (d-1)\tau}{}^{\eta N}} \\ \vdots \\ \overline{Y_{K_n n + (d-1)\tau}{}^{\eta N}} \end{bmatrix}
$$

$$
= \begin{bmatrix} z^{\eta}_{1 + (d-1)\tau}(0) \cdots z^{\eta}_{1 + (d-1)\tau}(\tau) \cdots z^{\eta}_{1 + (d-1)\tau}((m-1)\tau) \\ z^{\eta}_{2 + (d-1)\tau}(t) \cdots z^{\eta}_{2 + (d-1)}(t + \tau) \cdots z^{\eta}_{2 + (d-1)}(t + (m-1)\tau) \\ \cdots\cdots \\ z^{\eta}_{N}(N-1 - (m-1)\tau) \cdots z^{\eta}_{N}(N-1 - (m-2)\tau) \cdots z^{\eta}_{N}(N-1)) \end{bmatrix} \quad (3-41)
$$

因此，我们可以得到人体各个关键点的相空间，其包含了人体各个节点在遮挡状态和非遮挡状态下的相空间。

3.4 基于视觉词的人体行为特征表示

目前,"词包"(bag of words, BOW)模型已广泛应用于人体行为识别等计算机视觉领域,在对提取到的特征构建词包过程中,先对提取到的特征进行离散化,并将其与属性描述词可以形式上统一结合起来。

"词包"的基本原理[178]是采用某种聚类方法对提取到的人体行为特征进行聚类以此得到一个视觉词汇表,所以可以将一段视频中的人体行为用若干个视觉词集合表示。在文献[204]的基础上,因此,人体简单行为类别 d 在视频图像 p 中可以由聚类得到 N_v 个视觉词表示为一个 N_v 维的向量 $d(p)$:

$$d(p) = \{n(p,v_1),\cdots\cdots n(p,v_i),\cdots\cdots n(p,v_{N_v})\} \qquad (3-42)$$

式(3-42)中,$n(p,v_i)$ 表示人体行为 d 的图像 p 中含有视觉词 v_i 的个数。

通常情况下,采用 K 均值聚类的方法对词包进行聚类,下面以二维的特征向量对进行说明,如图 3-1 所示,每一个点表示一个二维的特征向量,先通过 K 均值聚类可以聚类得到三个类,然后将每一个类定义为一个词 w,因

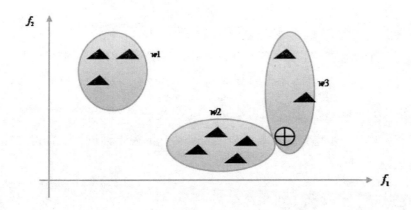

图 3-1 K 均值聚类示例

此可以得到三个词 $\{w1,\ w2,\ w3\}$，并可以用一个只包含图中黄色点表示的向量表示，即 $\{0,\ 0,\ 1\}$。

本章使用 BOW 模型表示前面章节提取到的相空间特征，然后连接两类特征视觉词所对应的直方图，所以视觉词分布所对应的直方图就可以表示出相空间特征，示意图如图 3 - 2 所示。

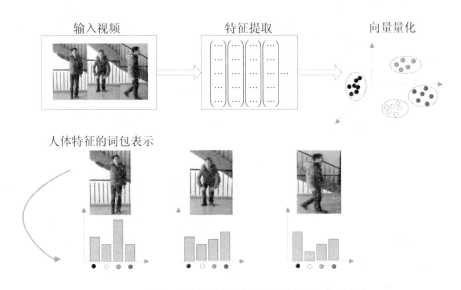

图 3 - 2　用"词包"模型表示人体相空间特征的处理过程

综上所述，本章用"词包"进行描述的具体算法流程如下：

（1）根据提取的相空间特征描述表格，提取其中的文本词；

（2）根据提取出的相空间特征和时空兴趣点特征组成的综合特征，用"词包"方法来获得其视觉词；

（3）将第一步得到的文本词和第二步得到的视觉词进行结合得到综合特征的完整"词包"描述。

3.5　实验与结果

本章中，我们利用现有的人体行为数据库[147]：KTH 数据库[148][149]、Weizmann 数据库[150][151]、UCF sports 数据库[155]和我们的自建数据库。

3.5.1　KTH 数据库实验

该数据库由瑞典皇家理工学院（简称 KTH）计算机科学与通信学院（简称 CSC）计算机视觉与主动感知实验室（简称 CVAP）于 2004 年采集得到，简称 KTH 数据库，数据库包含 6 种人体行为，即步行、慢跑、快速奔跑、拳击、挥手和鼓掌。每种行为分别由 25 位受测者在 4 种不同场景中完成，如静止的背景、视频比例变化情况下的背景、穿风衣室外环境和室内环境和光照变化下的背景。该数据库采用刷新率为 25 帧/秒（简称 fps）的静止摄像机在相似的场景中采集，共有 600 个音频视频交错格式。示意图如图 3 - 3 所示。

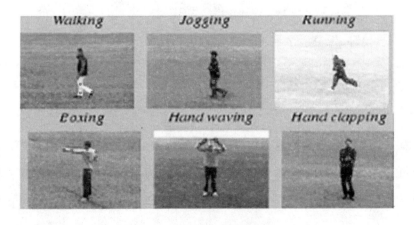

图 3 - 3　KTH 数据库中实验视频图例

相空间重建结果图见图 3 - 4，其中图 3 - 4（a）为步行行为的相空间重

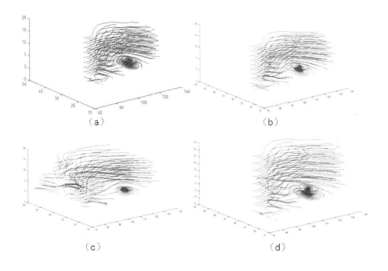

（a） （b）

（c） （d）

图 3 - 4　相空间重建结果图

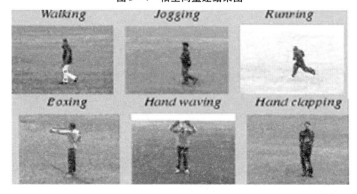

图 3 - 5　时空兴趣点结果图

建结果，图 3 - 4（b）为慢跑行为的相空间重建结果，图 3 - 4（c）为奔跑行为的相空间重建结果，图 3 - 4（d）为拳击行为的相空间重建结果，相空间特征很好的表现了人体行为序列这一动态系统的物理状态，且一切靠近吸引子的运动都趋向它。

时空兴趣点结果图见图 3 - 5，从图中可以看出本章方法能够准确找出行为人的时空兴趣点。

3.5.2　Weizmann 数据库实验

Weizmann 数据库由以色列 Weizmann 科学院（简称 WIS）计算机科学与应用数学系（简称 CSAM）计算机视觉实验室创建，该数据库分成两个部分：基于事件分析的 Weizmann 数据库和基于时空形状数据库。事件分析的 Weizmann 数据库创建于 2001 年，由 6000 帧视频构成，内容包括穿不同衣服的不同的人，主要执行以下几个动作：步行、奔跑、侧身行走、双脚跳跃、单脚跳跃、挥手跳跃、原地跳跃、弯腰、单臂挥手和双臂挥手。基于时空形状的数据库创建于 2005 年，所有的视频是通过固定摄像机在简单的背景下拍摄得到的，而且不存在任何遮挡和视角变换的问题，视频中人体的尺寸和动作的快慢可以认为是不变的。此外，为了验证识别算法的鲁棒性，研究者还提供了验证库。该数据库采用刷新率为 50 帧/秒（简称 fps）的静止摄像机采集，共有 110 个分辨率为 180 × 144 的 AVI 文件。实验图例见图 3 – 6。

图 3 – 6　WEIZMANN 数据库中实验视频图例

以行走（a）、奔跑（b）、侧行（c）、双脚跳（d）、单脚跳（e）、挥手跳（f）为例得出相空间结果如图 3 – 7 所示，图 3 – 7 中，图 3 – 7（a）为行走时的相空间重建结果、图 3 – 7（b）为奔跑时的相空间重建结果、图 3 – 7（c）为侧行时的相空间重建结果、图 3 – 7（d）为双脚跳时的相空间重建结果、图 3 – 7（e）为单脚跳时的相空间重建结果和图 3 – 7（f）为挥手跳时的相空间重建结果，相空间特征很好的表现了人体行为序列这一动态系统的物理状态。

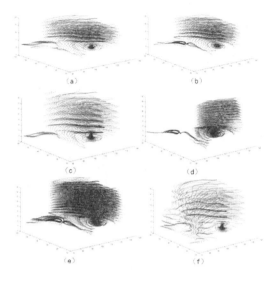

图 3-7　相空间重建结果图

时空兴趣点结果图见图 3-8，从图中可以看出本章方法能够准确找出行为人的时空兴趣点。

图 3-8　时空兴趣点结果图

3.5.3 UCF sports 数据库

该数据库由美国佛罗里达中心大学（University of Central Florida，简称 UCF）电子工程与计算机系研究人员创建。其中，UCF sports[155]创建于 2008 年，数据集总共包含了近 200 个行为视频，这些行为视频中记录的动作类别总共有 9 种，分别是跳水（含 16 个视频）、打高尔夫球（含 25 个视频）、踢腿（含 25 个视频）、举重（含 15 个视频）、骑马（含 14 个视频）、奔跑（含 15 个视频）、滑雪（含 15 个视频）、旋转（含 35 个视频）、步行（含 22 个视频））。具体介绍见文献[180]，本章采用 UCF sports 数据库做实验验证，图例是图 3 – 9。

图 3 – 9 UCF sports **数据库中实验视频图例**

相空间特征重建结果如图 3 – 10 所示，其中踢球（图 3 – 10（a））、跳马（图 3 – 10（b））、打高尔夫球（图（3 – 10（c））、小孩奔跑（图（3 – 10（d））、男运动员踢球（图 3 – 10（e））和小孩踢球（图（3 – 10（f））。

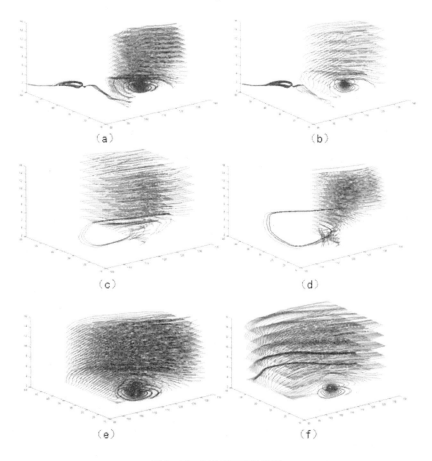

图 3 – 10　相空间重建结果图

时空兴趣点结果图见图 3 – 11，从图中可以看出本章方法能够准确找出行为人的时空兴趣点。

3.5.4　自建数据库

为了验证本章算法的有效性，我们在不同场景环境下自拍了 30 段视频，每段视频时间长为 30s ~ 60s，分辨率为 1048 × 1448 像素，帧数最大 25 帧/秒，包含动作有拳击、挥手、投篮、跳跃、小跑和舞蹈等。每段视频包括 5 个以上动作，每段视频的所有动作由一个人或多人连续完成，具体见图 3 – 12。

图 3 - 11　时空兴趣点结果图

图 3 - 12　自建数据库中实验视频图例

相空间重建结果图见图 3 - 13，其中图 3 - 13（a）为拳击时的相空间重建结果图、图 3 - 13（b）为挥手时的相空间重建结果图、图 3 - 13（c）为下蹲时的相空间重建结果图、图 3 - 13（d）为投篮时的相空间重建结果图、图 3 - 13（e）为跳跃时的相空间重建结果图和图 3 - 13（f）为下蹲捡东西时的相空间重建结果图。

时空兴趣点结果图见图 3 - 14，从图中可以看出本章方法能够准确找出行为人的时空兴趣点。

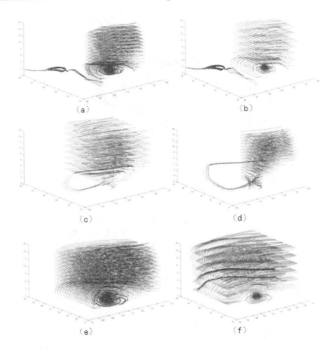

图 3 - 13　相空间重建结果图

图 3 - 14　时空兴趣点结果图

3.6　本章小结

本章利用词包对提取的相空间特征和时空兴趣点特征组成的综合特征进行描述，即将获得的人体各个关键点的相空间转换为"词包"，再利用未经改进的 PLSA 算法分别对人体行为识别中常用的光流特征、时空兴趣点特征和 Harris – PHOG 特征进行识别，实验数据库为 Weizmann 数据库、KTH 数据库、UCF sports 数据库和自建数据库。实验表明利用相空间特征结合时空兴趣点特征表示人体行为，可以更有效地提高识别精度。

第4章　基于改进 PLSA 和案例推理算法的简单歧义行为识别

4.1　引言

在人体行为图像或视频中提取出适当的特征后，行为分类算法成为人体行为识别中下一阶段需要考虑的步骤。为了达到良好的识别性能，有必要在合适的特征基础上选择出行为算法。常见的识别算法有 DTW（Dynamic Time Warp-ing），该算法通过计算出不同长度和不同发生率的两段序列的相似度来实现识别。DTW 的缺点是需要大量的模板，计算量太大。为了克服 DTW 算法带来的问题，各国研究者又提出许多基于模型的识别方法，并将其分为生成模型方法和判别模型方法。生成的模型可以准确地模拟数据序列的生成过程。判别模型方法需要通过学习在给定的被观测固定长度特征向量 X 上获得未观测到固定长度特征向量 Y 的条件概率分布（或者后验概率分布）$P(X|Y)$。例如支持向量机（SVM）和相关向量机等。此外还有一些常见的分类算法，如卡尔曼滤波、二叉树分类、神经网络和各种聚类算法等。

近年来由于主题模型的无法替代的优势，因此越来越得到学者们的青睐，尤其是在人体行为识别的领域。主题模型以其不需要监督和人工标注等优点，得到了迅速的应用和发展。在人体行为识别方面，由于多数主题模型是层次贝叶斯模型，这使得其在对各类动作进行建模时更加得心应手。同时，如果我们把某些约束和先验知识加入到贝叶斯结构中，便能有效地解决多视角动作的建模问题，同时也能够实现在线更新数据。此外，主题模型还有其他一些优势，例如能够解决过拟合问题，不需要认为进行标定等问题。这都使得主题模型在人体行为识别的领域中能够迅速的得到应用和发展。

Zhang 等提出一种结构化 PLSA 算法对人体行为进行识别[208]，通过学习行为的表示作为非监督潜在主题，通过用单词码本表示人体行为中局部形状上下文特征来表示出人体行为。Peng Zhang 等提出了一种新的基于 LSA 的人体运动跟踪算法[209]，该方法采用一种新的"twin-pipeline"训练框架找到运动人体目标的潜在语义主题模型，通过对人体在不同环境下的兴趣点实现对运动人体目标的跟踪，有效地减少了由于累计误差降低跟踪精度的问题。Ping Guo 等利用视觉词对人体行为建模并将其用一个视觉局部模型表示从而建立一个平移和尺度不变的概率潜在语义分析模型[210]。Ruitai Li 等提出了一个用于分类和识别人的异常行为的混合词包模型[211]，并提出 h-plsa 模型对人体行为进行半监督学习。朱旭东等将主题模型和隐马尔科夫链模型结合对人体异常行为进行识别[212]，有效的克服了两个模型在行为识别中精度和鲁棒性方面的缺陷。谢飞等针对人体发生行为时常常有姿态变化多、运动幅度大小不一等情况[213]，结合 3D-SIFT 特征和 HOOF 特征提出了 3DSH 特征法，并利用 TMBP 模型对行为进行识别。本章针对行为人在发生的行为因为遮挡或者自遮挡情况，在同一场景下同一行为可能会出现不同的识别，即行为出现歧义性的情况，提出了基于改进 PLSA 和案例推理算法结合的简单行为识别方法。利用改进的 PLSA 识别算法先对行为人的行为进行识别，然后利用案例推理原理消除由于遮挡等原因引起的歧义性，最后利用人体行为数据库：KTH 数据库、Weizmann 数据库、UCF sports 数据库和我们的自建数据库进行实验，验证本章方法的正确性。

4.2　PLSA 模型的基本原理

Hofmann 在其文献[205][206][207]中详细的阐述了一个新的分类的模型，即概率潜在语义分析模型（Probabilistic Latent Semantic Analysis PLSA）。该模型不仅可用于文本分类，还可以分析自然语言，其是挖掘对象潜在联系的一个非常实用的方法。该算法一般是将高维的向量，通过某种变换有效的映射到一个低维空间内，这样就挖掘出对象间许多其他的联系。例如，在研究自然语言的时候，常常要对同义词或近义词进行分类，概率潜在语义模型非常适合处理此类分类问题。由于 PLSA 模型这些非常实用的优点，目前该算法也常被用来解决人体行为识别问题。该算法基本原理简介如下。假设 $D = \{d_1, d_2, \cdots\cdots, d_N\}$ 表示某个文档集，而 $W = \{w_1, w_2, \cdots\cdots, w_M\}$ 表示一个单词集，然后将 D 和 W 合并为一个 $N \times M$ 的共现矩阵 N，该矩阵表示 w_j 出现在 d_i 中的次数，如公式（4 - 1）所示，

$$N = (n(d_i, w_j)_{ij}) = \begin{bmatrix} n(d_1, w_1), \cdots\cdots, n(d_1, w_M) \\ n(d_2, w_1), \cdots\cdots, n(d_2, w_M) \\ \cdots\cdots\cdots\cdots\cdots\cdots\cdots\cdots \\ n(d_N, w_1), \cdots\cdots, n(d_N, w_M) \end{bmatrix} \qquad (4 - 1)$$

其中，d_i 为第 i 个文档，w_j 表示第 j 个单词，在矩阵 N 中，行表示每个单词出现在某个文档中的次数，列表示为某个单词出现在每一个文档中的次数。定义一个主题变量 z，$p(d_i)$ 为一个单词出现在 d_i 篇文档中的概率；$p(w_j \mid z_k)$ 为

在主题 z_k 中出现 w_j 的概率；$p(z_k|d_i)$ 为主题 z_k 出现在第 i 个文档中的概率。则三者关系如图 4-1 所示。

图 4-1 "文档集合-潜在语义-单词集合"关系图

假设文档 d 与单词 w 在主题 z 下是条件独立的，则可以用下式来表示文档：

$$p(d_i, \omega_j) = p(d_i)p(\omega_j|d_i) \tag{4-2}$$

$$p(\omega_j|d_i) = \sum_{k=1}^{K} p(z_k|d_i)p(\omega_j|z_k) \tag{4-3}$$

从上面的公式中可以看出 PLSA 为一个具有两种模型参数的混合模型（即 $P(z|d)$ 和 $P(w|z)$），其中 $P(z|d)$ 是给定文档下主题 Z 的概率分布，$P(w|z)$ 是给定主题 z 的单词 w 的概率分布，模型参数 $P(z|d)$ 与 $P(w|z)$ 的值可以通过极大似然估计来估算出来。这里运用的极大似然函数如式（4-4）：

$$
\begin{aligned}
L &= \sum_{i=1}^{N} \sum_{j=1}^{M} \log P(d_i, w_j)^{n(d_i, w_j)} \\
&= \sum_{i=1}^{N} \sum_{j=1}^{M} n(d_i, w_j) \log P(d_i w_j) \\
&= \sum_{i=1}^{N} n(d_i) \left[\log P(d_i) + \sum_{j=1}^{M} \frac{n(d_i, w_j)}{n(d_i)} \log \sum_{k=1}^{K} P(w_j|z_k) P(z_k|d_i) \right]
\end{aligned}
$$

$$\tag{4-4}$$

其中，$n(d_i) = \sum n(d_i, w_j)$，由于 $n(d_i)$ 不是模型参数，所以公式可以转化为：

$$L \propto \sum_{i=1}^{N} \sum_{j=1}^{M} n(d_i, w_j) \log \sum_{k=1}^{K} P(w_j | z_k) P(z_k | d_i) \tag{4-5}$$

从式（4-5）可以看出，$P(z|d)$ 和 $P(w|z)$ 是需要估算出来的模型参数，采用 EM 算法来对模型参数进行估计。EM 算法是通过迭代计算出数期望和期望最大值来对模型参数进行估计。EM 迭代算法分为两步：E 步骤为其期望，M 步骤为求期望最大值。具体如式（4-6）、（4-7）和（4-8）所示。

E 步参数化迭代过程由贝叶斯公式可以得到：

$$P(z_k | d_i, w_j) = \frac{P(w_j | z_k) P(z_k | d_i)}{\sum_{k=1}^{K} P(w_j | z_k) P(z_k | d_i)} \tag{4-6}$$

M 步需要最大化完全期望数据，即下式：

$$P(w_j | z_k) = \frac{\sum_{i=1}^{N} n(d_i, w_j) P(z_k | d_i, w_j)}{\sum_{j=1}^{M} \sum_{i=1}^{N} n(d_i, w_j) P(z_k | d_i, w_j)} \tag{4-7}$$

$$P(z_k | d_i) = \frac{\sum_{j=1}^{M} n(d_i, w_j) P(z_k | d_i, w_j)}{n(d_i)} \tag{4-8}$$

E 步骤和 M 步骤交替计算，并得到新的 $P(z|d)$ 和 $P(w|z)$，直到满足迭代终止条件。

$$E(L^*) = \sum_{i=1}^{N} \sum_{j=1}^{M} n(d_i, w_j) \sum_{k=1}^{K} P(z_k | d_i, w_j) \log[P(w_j | z_k) P(z_k | d_i)] \tag{4-9}$$

由于 PLSA 模型是在一个合理的统计基础上应用了退火似然函数，并用迭代 EM 算法表示有效的拟合过程，因此该算法优于其他标准语义分析模型，目前，PLSA 模型已成功应用于信息过滤、文本分类、信息检索和行为识别等很多方面，该模型具有如下优点：

（1）PLSA 能够更加清晰的描述出文档之间的语义关系。

（2）PLSA 算法稳定，自适应性强。

（3）PLSA 计算相对于其它方法耗时少，易于实现。

4.3 案例推理

耶鲁大学的 Schank 教授在 *Dynamic Memory* 中首次对 CBR 的描述[214]，作为人工智能领域一种较新的推理技术，案例推理是一种利用过去解决类似问题的经验案例进行推理求解新问题的方法，该方法于 20 世纪 80 年代开始受到各国研究人员的关注。案例推理的基本原理是学习过去的经验并建立相应的知识库，解决与之相似的新问题，这种逻辑推理方法是利用旧的经验解决新的问题，这在某种程度上更接近人类的推理。CBR 方法已成功的应用于工业、农业、医学、管理等领域。

近年来，该项技术也逐渐应用到人体行为识别领域，Miyanokoshi Yasuyi 等利用案例推理算法对日常环境下的可疑行为进行识别[215]。Park，Hae Won 等将案例推理算法应用于儿童与机器人之间的交互行为[216]，通过对小孩之前玩的行为进行学习并建立出相应的知识库，利用案例推理原理规划出儿童—机器人的互动策略。Graf Regine 等将案例推理理论用于对人体驾驶行为预测[217]，通过将行为人过去的驾驶行为建立出一个知识库，然后利用案例推理算法对公路上驾驶人员的实际行为进行推导，通过预测出对方的驾驶行为来提醒驾驶人员应该做出何种操作。

一个案例推理系统由案例检索、案例学习、案例更新和案例库构成。案例库为对过去解决该类问题的规则和经验进行归类总结，对解决新的问题提供解决规则。案例检索为从案例库中检索出一个与当前要解决问题最匹配的案例，如果这个案例满足问题的需要则检索正确，如果不满足条件则对该案例库进行更新，使之能满足解决问题的需要，当问题解决后该案例被用于更新案例库，使之能解决以后新的问题。

基于不同术语的推理方法的分类如下[218]：基于范例的推理、基于实例的推理、基于记忆的推理、基于案例的推理和基于类比的推理。

　　基于范例的推理：根据经典观点和经典理论等分类出一系列不同的范例，通过将新问题与这些范例进行相似性属性比较，得出推理结果。

　　基于实例的推理：该方法是基于范例推理的改进算法，通过采用大量简洁的实例对缺乏背景知识的范例进行补充，从而减少推理过程中的不确定性。

　　基于记忆的推理：该方法将案例库定义为一个大的记忆体，对问题的推理则被认为是在这个记忆体进行遍历搜索，该方法的显著特点是可以并行处理信息。

　　基于案例的推理：该方法简介认知心理学知识，假设一些典型案例包含了某些信息以及描述了其内部复杂性，然后利用这些信息规则进行推理。

　　基于类比的推理：该方法利用不同领域的旧知识通过类比的方法，来解决新环境下的新问题，该方法需要找到一种将已确认类似物的解决方案转换或映射到目前问题的数学模型。

　　由于基于案例推理的方法是一种类比推理方法，该方法不需要大量的训练数据，并且能够通过不断自主学习新知识扩展案例库，从而解决了训练数据集中模型更新的问题。案例推理算法对人体行为识别的基本过程为：案例推理系统根据给出待识别行为的关键特征在原始案例库中进行检索，从中寻找出一个属性最相似的案例作为候选案例并选用解决该案例的规则经验解决该新问题；如果没有找到合适候选案例的解决方法，那么就将对候选案例中的规则经验按照相应的准则进行修正，然后将作为一个新案例导入案例库中，以便以后解决新的类似问题。因此，在本节可以根据先前已经识别出的简单行为对案例库进行更新，然后通过计算待检测帧中的简单行为相似性属性特征来找到相匹配的案例，从而消除由于遮挡导致的行为歧义的问题，具体方法见后面章节介绍。

4.4 改进 PLSA + CBR 歧义行为识别算法

本节中，我们针对行为人发生的行为在同一场景下可能会有不同的含义，例如不同朝向的运动人体受到遮挡或深度影响而容易产生歧义不能有效识别的问题，提出了一种利用改进的 PLSA 识别算法先对行为人的行为进行识别，然后利用案例推理原理消除由于遮挡等原因引起的歧义性，从而得出正确的识别结果。

首先，将每一帧中的人体行为转换为相对应的词包信息，因此，我们将获得人体各个关键点的相空间转换为"词包"。我们根据统计的文本分析理论，可以将每帧图像中人体各个节点轨迹的相空间表示为词包[207][219]。在本节中，我们利用改进的 k-均值聚类算法建立单词本，该算法可以有效的以提高聚类中心初始化的鲁棒性和实时性。算法示意图见图 4 − 2。

假设相空间特征和时空兴趣点特征集合为：

$X = \{x_1, \cdots\cdots x_N\}, x_N = hat\ x_N^\eta(t), N = 1, \cdots\cdots n$，我们假设 $Y = \{y_1, \cdots\cdots y_N\}$，$y_i \in R^d, i = 1, \cdots n.$ 为集合 X 的降维集合，聚类类别为 $\{C_i\}_{i=1}^M$。

通过 k-means 聚类算法用于创建出单词表[220]：

$$\min \sum_{i=1}^{N} \sum_{j=1}^{K} r_{ij} \|\hat{x}_i^\eta(t) - \mu_j\|^2 \qquad (4-11)$$

其中，k 为聚类数，$r_{ij} \in \{0, 1\}$ 为标记数，如果 y_i 为 j 类，则 $r_{ij} = 1$，否则 $r_{ij} = 0$。

$$\min J = \sum_{j=1}^{K} \sum_{i=1}^{N} S_{ij}^r \|\hat{x}_i^\eta(t) - \mu_j\|^2 \qquad (4-12)$$

此处 K 为单词表大小，S_{ij}^r 为 $\hat{x}_i^\eta(t)$ 降维后的权值；考虑到相空间集合：

$X = \{x_1, \cdots\cdots x_N\}, x_N = hat\ x_N^\eta(t), N = 1, \cdots\cdots n$ 被划分成 k 类，我们定义一个簇内方差[224]：

$$\zeta_{max} = \max_{1 \leq j \leq k} \nu_k = \max_{1 \leq j \leq k} \left\{ \sum_{i=1}^{N} S_{ij}^r \| X_i - \mu_j \|^2 \right\} \tag{4-13}$$

我们定义簇内方差的权值 ε_w

$$\varepsilon_w = \sum_{i=1}^{K} \sum_{i=1}^{K} w_k^p S_{ij}^r \| x_i - \mu_i \|^2 \tag{4-14}$$

$$w_k \geq 0, \ \sum_{k=1}^{M} w_k = 1, 0 \leq p < 1 \tag{4-15}$$

其中，指数 p 表示为类间权值更新的敏感程度。本节中，我们选定经验值为 0.7，可得下式：

$$\min_{|C_i|_{i=1}^k | w_i|_{i=1}^K} \max \varepsilon_w \tag{4-16}$$

$$w_k \geq 0, \ \sum_{k=1}^{M} w_k = 1, \ 0 \leq p < 1$$

我们先固定权值找到新的聚类，然后再计算出 m_k。

$$\sigma_{ij} = 1, \ k = \arg \min_{1 \leq i \leq k} (w_k^p \| x_i - \mu_i \|^2) \tag{4-17}$$

当 w_k 递增的时候，m_k 计算公式如下：

$$\mu_i = \frac{\sum_{i=1}^{k} \sigma_{ij} x_i}{\sum_{i=1}^{k} \sigma_{ij}} \tag{4-18}$$

$$w_k = \frac{v_k^{\frac{1}{(1-p)}}}{\sum_{k=1}^{M} v_k^{\frac{1}{(1-p)}}} \tag{4-19}$$

其中，$v_k = \sum_{i=1}^{N} \varphi_{ik} \| x_i - \mu_i \|^2, 0 \leq p < 1, \frac{1}{(1-p)} > 0$。

为了增强改进 k-means 算法的稳定性[221]，更新权值定义为：

$$w_k^{(t)} = \beta w_k^{(t-1)} + (1-\beta) \left(v_k^{1/(1-p)} / \sum_{j=1}^{N} v_j^{1/(1-p)} \right) 0 \leq \beta \leq 1 \tag{4-20}$$

其中，在不断的迭代计算过程中，β 参数能够影响到控制权重的更新，并能对连续迭代的权重值进行平滑。给出的权重矩阵 w_k，我们可以得下式：

基于机器学习的行为识别技术研究

$$\min_{GG^T} J = \min_{GG^T = I} tr(W^{\frac{1}{2}} C^T X^T XC W^{\frac{1}{2}}) \tag{4-21}$$

根据文献[221]具体算法过程如下所示：

输入：视频序列集合 $X = \{x_i\}_{i=1}^N$，并初始化聚类中心 $\{m_j\}_{k=1}^K$（类别数为 K）

输出：聚类结果 $\{\delta_{ik}\}$，$i=1, \cdots\cdots, N$；$k=1, \cdots\cdots, K$，聚类中心 $\{m_j\}_{k=1}^K$

    Set $t=0$

    Set $p_{init}=0$

    Set $w_k^{(0)} = \dfrac{1}{K}$，$\forall k=1, \cdots\cdots, K$

    Set $p = p_{init}$

  Repeat

  $t = t+1$

For $i=1$ to N // 迭代更新聚类结果

    For $k=1$ to K

    $\sigma_{ij}=1$，$k = \underset{1 \leqslant i \leqslant k}{\arg\min}\ (w_k^p x_i - \mu_i^2$，否则 $\sigma_{ij}=0$

      End for

    End for

If $p < p_{init}$ then

    $\delta_{ik}^{(t)} = [\Delta^{(p)}]_{ik}$，$\forall k=1, \cdots\cdots, K$，$\forall i=1, \cdots\cdots, N$

    $w_k^{(t-1)} = [w^{(p)}]_k$，$\forall k=1, \cdots\cdots, K$

End if

    For $all\ m_k$，$k=1$ to K

$$m_k^{(t)} = \frac{\sum_{i=1}^K \delta_{ik}^{(t)} x_i}{\sum_{i=1}^K \delta_{ik}^{(t)}}$$

End for

    If $p < p_{max}$

    $\Delta^{(p)} = [\delta_{ik}^{(t)}]$

    $w^{(p)} = [w_k^{(t-1)}]$

Until $|\xi_w^{(t)} - \xi_w^{(t-1)}| < \xi$

    Return $\{\delta_{ik}^{(t)}\}_{i=1,\cdots\cdots,M;k=1,\cdots\cdots,K}$，$m_k^{(t)}$

End

当构建成功单词本后，本章采用改进的 pLSA 算法[222][223]对人体行为进行识别分类，具体介绍如下。本章将非负矩阵因子（non-negative matrix factorization（NMF））与 PLSA 算法结合，使 PLSA 具备自适应学习功能，实现对人体

行为的自适应识别。首先定义矩阵 $V_{M \times N}$，且

$V_{i \times j} \approx W_{i \times m} \cdot H_{m \times j}$，该因子用于最小化 V 和 $W \cdot H$ 的 Kullback-Leibler 方差：

$$D_{KL}(V \| WH) = \sum_{ij} \left(V_{ij} \log\left(\frac{V_{ij}}{(W \otimes H)_{ij}}\right) + (WH)_{ij} - V_{ij} \right) \qquad (4-22)$$

上式可以根据文献[224]进行以下迭代

$$W_{i \times m} \leftarrow W_{i \times m} \cdot \sum_j H_{m \times j} \left(\frac{V}{WH}\right)_{ij} \qquad (4-23)$$

将 W_{ik} 标准化可以得到：

$$\sum_i W_{ik} = 1 \qquad (4-24)$$

$$H_{m \times j} \leftarrow H_{m \times j} \cdot \sum_i W_{i \times m} \left(\frac{V}{WH}\right)_{ij} \qquad (4-25)$$

其中，在 H、V 和 W 中仅仅包含非负元素。V 中包含了人体行为的相空间特征。$V = \left[\frac{V_g}{H_h}\right]$，其中 V_g 为归整化部分，H_h 为相空间特征。当 j 包含样本中行为词 i 时，$V_g(i,j) = 1$；否则 $V_g(i,j) = 0$。

利用文献[205]中的方法，将 *NMF* 应用于 *PLSA* 算法中。

$$p(w_i, d_j) = \sum_k p(w_i | z_k) p(z_k | d_j) p(d_j) \qquad (4-26)$$

利用文献[222]中的方法：

$$V_{ij} \approx c \cdot p(w_i, d_j) \qquad (4-27)$$

$$W_{im} = p(w_i | z_m) \qquad (4-28)$$

$$H_{mj} = c \cdot p(z_m | d_j) \cdot p(d_j)，其中，c = \sum_{ij} V_{ij} \qquad (4-29)$$

因此可以得到：

$$\theta_{\max} = \underset{L}{\operatorname{argmax}} P(V | L) \qquad (4-30)$$

其中，本章采用文献[223]的 *EM* 迭代算法，以从 i 步迭代到 $i+1$ 步为例，介绍如下。

E 步骤

$$\bar{P}(z_k \mid d_i, w_j)_{i+1} = \frac{P(w_j \mid z_k)_l P(z_k \mid d_i)_l}{\sum\limits_{k=1}^{K} P(w_j \mid z_{k'})_l P(z_{k'} \mid d_i)_l} \tag{4-31}$$

$$P(w_i \mid z_k)_{l+1} = \frac{\sum\limits_{i=1}^{N} n(d_i, w_j)\bar{P}(z_k \mid d_i, w_j)_{i+1}}{\sum\limits_{i=1}^{N}\sum\limits_{m=1}^{M} n(d_i, w_{j'})\bar{P}(z_k \mid d_i, w_{j'})}$$

$$= \frac{\dfrac{P(w_i \mid z_k)_l \sum\limits_{i=1}^{N}\left(\left(n(d_i, w_j)P(z_k \mid d_i)_l\right)\right)}{\left(\sum\limits_{k=1}^{K} P(w_j \mid z_{k'})_l P(z_{k'} \mid d_i)_l\right)}}{\sum\limits_{m=1}^{M} P(w_{j'} \mid z_k)_l \left[\dfrac{\sum\limits_{i=1}^{N}\left(n(d_i, w_m)P(z_k \mid d_i)_l\right)}{\sum\limits_{k=1}^{K} P(w_k \mid z_k)_l P(z_k \mid d_i)_l}\right]} \tag{4-32}$$

$$P(z_k \mid d_i)_{l+1} = \frac{\sum\limits_{j=1}^{M} n(d_i, w_j)P(z_k \mid d_i, w_j)_{l+1}}{n(d_i)}$$

$$= \frac{\dfrac{P(z_k \mid d_i)_l \sum\limits_{j=1}^{M}\left(n(d_i, w_j)P(w_j \mid z_k)_l\right)}{\sum\limits_{k=1}^{K} P(w_j \mid z_m)_l P(z_m \mid d_i)_l}}{n(d_i)} \tag{4-33}$$

简化上式，公式 (4-31) 和 (4-32) 可以改写为：

$$P(w_j \mid z_k)_{l+1} = \frac{P(w_j \mid z_k)\sum\limits_{m=1}^{N} \dfrac{n(d_i, w_j)P(z_k \mid d_i)_l}{\sum\limits_{m=1}^{K} P(w_j \mid z_m)_l}}{\sum\limits_{m=1}^{M} P(w_j \mid z_k)\sum\limits_{m=1}^{N} \dfrac{n(d_i, w_j)P(z_k \mid d_i)_l}{\sum\limits_{m=1}^{K} P(z_m \mid d_i)_l}} \tag{4-34}$$

$$P(z_k \mid d_i)_{l+1} = \frac{P(z_k \mid d_i)_l \sum\limits_{j=1}^{M} \dfrac{n(d_i, w_j)P(w_j \mid z_k)_l}{\sum\limits_{m=1}^{K} P(z_m \mid d_i)_l}}{n(d_i)} \tag{4-35}$$

在完成上述迭代后，我们可以得到[222][225]：

$$p(w_i \mid z_k) \leftarrow \frac{\sum\limits_j V_{ij} p(z_k \mid w_i, d_j)}{\sum\limits_n \sum\limits_j V_{nj} p(z_k \mid w_n, d_j)} \qquad (4-36)$$

$$p(z_k \mid d_j) \leftarrow \frac{\sum\limits_i V_{ij} p(z_k \mid w_i, d_j)}{\sum\limits_n \sum\limits_j V_{nj} p(z_k \mid w_i, d_j)} \qquad (4-37)$$

最终我们可以得到：

$$p(z_k \mid w_i, d_j) = \frac{p(w_i \mid z_k) \otimes p(z_k \mid d_j) p(d_j)}{\sum\limits_i p(w_i \mid z_j) p(d_j)} \qquad (4-38)$$

因此，可以重新得到下式：

$$p(\theta \mid v^{(n-1)}) =$$

$$p(\theta_W \mid v^{(n-1)}) \otimes p(\theta_H \mid v^{(n-1)}) \propto \prod_{k=1}^{K} \left(\prod_{i=1}^{M} p(w_i \mid z_k)^{\alpha_{ik}} \cdot \prod_{i=1}^{M} p(z_k \mid d_j)^{\beta_{kj}} \right)$$

$$(4-39)$$

其中，$0 < \alpha \leq 1; 0 < \beta \leq 1$。

$$\theta_{max} = \underset{\theta}{\mathrm{argmax}} \log(p(V^{(n-1)} \mid \theta)) + \gamma \log(p(\theta \mid v^{(n-1)})) \qquad (4-40)$$

其中，$0 < \gamma \leq 1$。

案例推理过程：

当利用改进 PLSA 算法识别出了行为人的行为后，由于遮挡、自遮挡等原因，会导致最终识别结果具有一定的歧义性。在文献[226]的基础上建立复杂行为案例库识别因遮挡导致的歧义行为，即：先对先前帧中识别出的确定行为进行学习简单案例库，然后利用案例推理原理对其进行推理，从而得出准确的识别结果，具体流程图见图 4-2。

在本节中，将一个复杂行为案例划分为多个基本简单子行为案例，带有歧义性的行为案例由组成该歧义行为的基本简单子行为属性特征和基本简单子行为时间属性特征表示，本章采用参与待识别行为案例中各个已经识别出

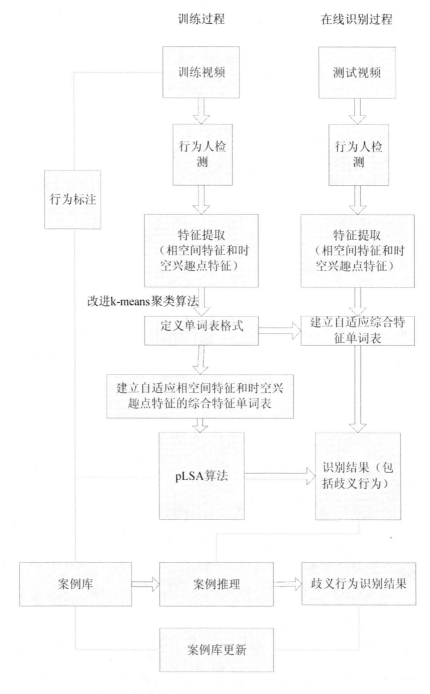

图 4-2　利用改进 *pLSA* 对行为进行识别的算法示意图

的简单子行为时间序列和在先前帧中已经识别出的相关简单子行为时间特征
描述歧义行为案例。在文献[226]基础上扩展定义一个待识别歧义行为案例 C 分
为三部分：先前帧已确定简单子行为部分、当前帧基本子行为部分和基本相
关子行为时间特征部分：

$$Case = \{\{A\_prior\}\{B\_current\}, \{B\_related\}\}$$

$$= \{\{A_1, A_2, \cdots\cdots, A_n\}, \{B_1, B_2, \cdots\cdots, B_n\}, \{t_1, t_2, \cdots\cdots, t_n\}\} \qquad (4-41)$$

$Case$ 表示一个歧义行为案例，该案例由以下部分构成：$\{A\_prior\}$ 为案例
所包含的所有先前帧已知的确定基本简单子行为；$\{B\_current\}$ 为当前帧基本
简单子行为部分；$\{B\_continued\}$ 为基本简单子行为的持续时间。歧义行为识
别的 CRB 示意图见图 4-3。

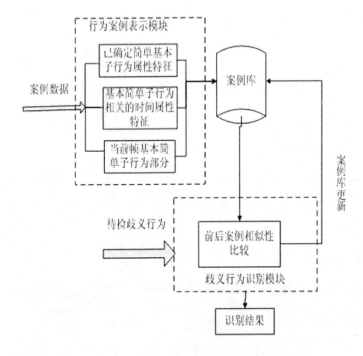

图 4-3　歧义行为识别的 CRB 示意图

对于每个歧义行为案例，通过了解先前帧中确定的行为类别，运用案例推理机制判断出歧义行为。为了更好地利用类比方法对比新旧案例，案例属性特征由基本简单子行为相似性属性特征和基本相关简单子行为的时间属性特征构成，简介如下：

（1）基本简单子行为相似性属性特征。设基本简单子行为组成的一维向量为 $\{A\_prior\}$，某歧义行为基本子行为部分为 $\{B\_current\}$，则可计算当前行为和先前帧中已确定行为的相似性：

$$sim(A,B) = \sum_{i=1}^{n} w_i \times sim(A_i, B_i) \qquad (4-42)$$

n 为每个案例库中的特征数，$sim(A，B)$ 为已知确定行为和歧义待测行为案例，w_i 为 A，B 案例库的关联权值，该权值为 B 行为发生 A 案例库中的频率，计算公式如下：

$$w_i = \frac{B_i}{A} \qquad (4-43)$$

（2）基本简单子行为相关的时间属性特征。该特征由子行为发生的时间先后顺序和持续时间构成，表示已经识别出的简单子行为案例和待识别的简单子行为案例之间的时序关系。其中，各基本子行为发生的时间先后顺序集合为：B_duration 为向量 B 中对应各个简单子行为发生的总持续时间 $duration = \{T_1, T_2, \cdots\cdots T_N\}$。其中，$T_i$ 为向量 B_duration 中对应的第 i 个子行为的总持续时间。

具体算法描述如下：

（1）对采集到的视频序列中计算出人体各个简单行为的两个属性特征；

（2）计算综合相似性 $sim(A，B)$；

（3）当相似度最大值大于某一个阈值 T 时，即：$sim(A,B) > T$，则判定 B 行为同属 A 行为，并将其加入案例库并对案例库进行实时更新，用于后续歧义行为。

4.5　实验与结果

本章中，我们利用现有的人体行为数据库[147]：KTH 数据库[148][149]、Weizmann 数据库[150][151]、UCF sports 数据库[155]和我们的自建数据库，对上述算法进行试验验证。首先，利用现有数据库图片进行试验验证算法的优越性，然后采用我们自己建立的数据库图片验证算法通用性。实验时我们采用了 CPU 为 I3 - 4160 双核处理器（3.6GHz）、8G 内存的普通 PC，利用 VC + + 在 Windows 7 系统上编程实现本章算法。

4.5.1　KTH 数据库实验

该数据库包含 6 种人体行为，即步行、慢跑、快速奔跑、拳击、挥手和鼓掌；行为在 4 种不同场景中完成，如静止的背景、视频比例变化情况下的背景、穿风衣室外环境和室内环境和光照变化下的背景。该数据库采用刷新率为 25 帧/秒（简称 fps）的静止摄像机在相似的场景中采集，共有 600 个音频视频交错格式。示意图如图 4 - 4 所示。

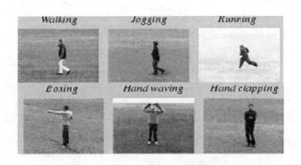

图 4 - 4　KTH 数据库中实验视频图例

利用 KTH 数据库进行行为识别结果见表 4 - 1，其中 a1 为步行行为，a2

为慢跑行为，a3 为快速奔跑行为，a4 为拳击行为，a5 为挥手行为和 a6 为鼓掌行为。

表 4 - 1　利用 KTH 数据库进行行为识别结果

a1	0.96	0.13	0.12	0.01	0.03	0.01
a2	0.10	0.92	0.00	0.11	0.02	0.00
a3	0.01	0.02	0.91	0.00	0.10	0.20
a4	0.00	0.00	0.00	0.93	0.10	0.00
a5	0.10	0.10	0.03	0.02	0.90	0.02
a6	0.00	0.12	0.01	0.00	0.21	0.91
	a1	a2	a3	a4	a5	a6

4.5.2　Weizmann 数据库实验

Weizmann 数据库由以色列 Weizmann 科学院（简称 WIS）计算机科学与应用数学系（简称 CSAM）计算机视觉实验室创建，该数据库分成两个部分：基于事件分析的 Weizmann 数据库和基于时空形状的数据库。所有的视频是通过固定摄像机在简单的背景下拍摄得到的，而且不存在任何遮挡和视角变换的问题，视频中人体的尺寸和动作的快慢可以认为是不变的，主要执行以下几个动作：步行、奔跑、侧身行走、双脚跳跃、单脚跳跃、挥手跳跃、原地跳跃、弯腰、单臂挥手和双臂挥手。基于时空形状的数据库创建于 2005 年，所有的视频是通过固定摄像机在简单的背景下拍摄得到的，而且不存在任何遮挡和视角变换的问题，视频中人体的尺寸和动作的快慢可以认为是不变的。实验图例见图 4 - 5。

利用 Weizmann 数据库进行行为识别结果见表 4 - 2，其中 a1 为弯腰行为、a2 为举起双手跳跃行为、a3 为侧身跳跃行为、a4 为双脚起跳行为、a5 为跑

图 4 - 5 Weizmann 数据库中实验视频图例

步行为、a6 为侧身行走行为、a7 为男子步行行为、a8 为挥手行为、a9 为挥动双手行为和 a10 为女子步行行为。

表 4 - 2 利用 Weizmann 数据库进行行为识别结果

a1	0.94	0.11	0.12	0.01	0.21	0.01	0.10	0.15	0.03	0.00
a2	0.01	0.92	0.00	0.02	0.10	0.02	0.00	0.00	0.00	0.01
a3	0.00	0.00	0.93	0.15	0.10	0.00	0.12	0.00	0.00	0.00
a4	0.00	0.00	0.00	0.95	0.00	0.21	0.00	0.00	0.00	0.00
a5	0.00	0.00	0.00	0.00	0.90	0.00	0.00	0.10	0.01	0.10
a6	0.02	0.00	0.02	0.00	0.01	0.92	0.00	0.00	0.00	0.00
a7	0.20	0.01	0.00	0.00	0.00	0.00	0.93	0.00	0.01	0.00
a8	0.00	0.01	0.02	0.15	0.00	0.00	0.00	0.92	0.00	0.02
a9	0.00	0.10	0.25	0.00	0.15	0.00	0.00	0.00	0.94	0.01
a10	0.10	0.00	0.00	0.00	0.00	0.10	0.00	0.00	0.03	0.90
	a1	A2	a3	a4	a5	a6	a7	a8	a9	a10

4.5.3 UCF sports 数据库

该数据库由美国佛罗里达中心大学（University of Central Florida，简称 UCF）电子工程与计算机系研究人员创建。其中，UCF sports[155] 创建于 2008

年，数据集总共包含了近 200 个行为视频，这些行为视频中记录的动作类别总共有 9 种，分别是跳水（含 16 个视频）、打高尔夫球（含 25 个视频）、踢腿（含 25 个视频）、举重（含 15 个视频）、骑马（含 14 个视频）、奔跑（含 15 个视频）、滑雪（含 15 个视频）、旋转（含 35 个视频）、步行（含 22 个视频））。UCF 具体介绍见文献[147]，本章采用 UCF sports 数据库做实验验证，图例是图 4 - 6。

图 4 - 6　UCF 数据库中实验视频图例

利用 UCF 数据库进行行为识别结果见表 4 - 3，其中 a1 为男子踢球行为、a2 为跳马行为、a3 为打高尔夫球是前进行为、a4 为高台跳水行为、a5 为侧身奔跑行为、a6 为小孩奔跑行为、a7 为男运动员踢球行为、a8 为小孩踢球行为、a9 为打高尔夫球行为和 a10 为举重行为。

表 4 - 3　利用 UCF sports 数据库进行行为识别结果

a1	0.93	0.12	0.03	0.10	0.10	0.00	0.00	0.15	0.00	0.02
a2	0.00	0.92	0.00	0.00	0.00	0.12	0.00	0.00	0.00	0.00
a3	0.13	0.00	0.90	0.14	0.10	0.00	0.00	0.12	0.00	0.01
a4	0.00	0.10	0.00	0.89	0.00	0.00	0.10	0.04	0.00	0.00
a5	0.21	0.01	0.16	0.00	0.87	0.00	0.00	0.12	0.00	0.00

续表

	a1	A2	a3	a4	a5	a6	a7	a8	a9	a10
a6	0.11	0.00	0.12	0.00	0.00	0.90	0.00	0.11	0.12	0.10
a7	0.10	0.04	0.00	0.00	0.00	0.00	0.91	0.00	0.02	0.00
a8	0.00	0.12	0.00	0.12	0.00	0.10	0.00	0.93	0.00	0.00
a9	0.00	0.01	0.03	0.12	0.10	0.00	0.00	0.00	0.94	0.12
a10	0.00	0.01	0.00	0.00	0.00	0.20	0.00	0.00	0.00	0.90
	a1	*A2*	*a3*	*a4*	*a5*	*a6*	*a7*	*a8*	*a9*	*a10*

4.5.4　自建数据库

为了验证本章算法的有效性，我们在不同场景环境下自拍了 30 段视频，每段视频时间长为 30s～60s，分辨率为 1048×1448 像素，帧数最大 25 帧/秒，包括的动作拳击、挥手、投篮、跳跃、小跑和舞蹈等。每段视频包括 5 个以上动作，每段视频的所有动作由一个人或多人连续完成，示意图见图 4-7。

图 4-7　自建数据库中实验视频图例

利用自建数据库进行行为识别结果见表 4-4，其中 a1 为拳击行为、a2 为挥手行为、a3 为下蹲行为、a4 为侧身快速奔跑行为、a5 为投篮行为、a6 为跳跃行为、a7 为下蹲捡东西行为和 a8 为侧身跳跃行为。

表4-4　利用自建数据库进行行为识别结果

a1	0.91	0.12	0.02	0.20	0.12	0.00	0.01	0.11
a2	0.00	0.93	0.00	0.00	0.00	0.01	0.00	0.00
a3	0.11	0.00	0.90	0.13	0.10	0.00	0.12	0.02
a4	0.00	0.00	0.00	0.91	0.00	0.00	0.00	0.00
a5	0.00	0.11	0.22	0.00	0.89	0.00	0.00	0.14
a6	0.01	0.00	0.02	0.00	0.05	0.91	0.05	0.01
a7	0.01	0.24	0.00	0.00	0.00	0.00	0.90	0.00
a8	0.00	0.00	0.00	0.12	0.00	0.00	0.00	0.93
	a1	A2	a3	a4	a5	a6	a7	a8

从上述结果表可以看出，本章提出的识别方法对带有歧义的行为进行识别，识别精度比文中现有方法的精度要高，识别效果好。

4.6　本章小结

本章提出了基于改进 PLSA 和案例推理算法的简单行为识别方法。首先，利用改进的 PLSA 识别算法对行为人的行为进行识别，该改进方法可以克服传统 pLSA 算法中生成式模型对观察特征序列的独立性假设会导致过拟合的缺点；然后利用案例推理原理消除由于遮挡等原因引起的歧义性。文中我们将每帧图像中人体各个节点轨迹的相空间特征和时空兴趣点特词包，利用改进的 k-均值聚类算法建立单词本，最后利用 Weizmann 数据库、KTH 数据库、UCF sports 数据库和自建数据库对算法进行验证，并将其与其他识别算法和其他特征进行比较，从而验证算法正确性，实验表明改进后的识别算法准确率高、实时性强并具有一定的鲁棒性。

第 5 章　基于马尔科夫逻辑网络的
复杂行为识别

5.1　引言

目前，人体行为的识别也从最初的简单行为识别的研究发展到了复杂的行为研究，人体复杂行为识别已经逐渐成为计算机监控领域研究中的一个热点，其研究对科技的发展及社会的进步也具有重要的意义。复杂的人体行为识别方法主要是多层次方法，该方法又分为基于统计的方法、基于文法的方法和基于描述的方法。多层次识别方法的好处是可以识别复杂行为，特别是针对人—人或人—物的语义层面的交互行为和群体行为识别，具体介绍详见第一章绪论中阐述。目前，国内外学者对此开展了广泛的研究，将马尔科夫逻辑网理论已经广泛用于监控识别。Vlad I. Morariu 等[227]提出了一个自动识别多人事件的识别框架，利用语义描述事件发生的规则并建立出相应的谓词库，然后利用马尔科夫逻辑网识别出事件结果。K. S. Gayathri 等[228]利用马尔科夫逻辑网结合通过概率模型建立的感官知识库以及基于每层的优先级，识别医疗监护人的异常行为。Guangchun Cheng 等[229]提出先提取每个行为人的轨迹特征，然后基于轨迹密度建立中层行为的时间结构模型，并利用谓词描述这些行为的时间关系，最后利用马尔科夫逻辑网识别出行为结果。Son D. Tran 等[230]针对在恶劣监控环境下的噪声和观测目标丢失的问题，提出利用一层逻辑规则和相应的权值表示通用感官知识库，最后利用马尔科夫逻辑网进行概率推理对复杂的人-交通工具交互行为进行识别。Rim Helaoui 等[231]将马尔科夫逻辑网用于智能生态系统中的人体行为识别，通过 MLNs 建立行为间的时间关系和背景知识用以提高识别精度。Yiwen Wan 等[232]利用时空关系和空间语义建立推理算法和马尔科夫逻辑网的一层逻辑结合用以识别人体简单行为和复杂行为。

由于目前在复杂行为识别过程中，如何有效的提取人与人交互动作中的运动特征、建立多个目标之间的复杂交互模型非常困难。而马尔科夫逻辑网的基本原理是将规则与概率图结合起来，利用图中节点对应的谓词，以及图中边对应的谓词之间相关关系，建立出多个目标之间的复杂关系，最终识别出行为结构。因此，本章提出了基于马尔科夫逻辑网络的复杂行为识别方法。在准确识别出简单行为的基础上，通过利用人体复杂行为的直觉知识库建立出的复杂行为逻辑推理框架，以此创建了常见的复杂行为的规则，最后利用马尔科夫逻辑网识别常见的行为人的复杂行为，并利用人体行为数据库：UCF 数据库、UT-interaction 数据库、Olympic sports 数据库、Hollywood & Hollywood-2 数据库和我们自建的数据库进行实验，验证本章方法的正确性。

5.2 马尔科夫逻辑网简介

2004 年，Richardson 等人首次提出马尔科夫逻辑网的概念，该方法是将概率图模型与一阶逻辑相结合的统计学习方法[233]，经过众多研究人员的努力，马尔科夫逻辑网理论取得了进一步的完善，该方法的基本原理是采用具有附加权值的一阶逻辑知识表达[234][235]构建马尔科夫网，并将领域知识导入马尔科夫网增强一阶逻辑处理不确定性问题的能力。

马尔科夫逻辑网理论简介如下，马尔科夫逻辑网联合分布如下：

$$P(X=x) = \frac{1}{z}\prod_k \varphi_k(x_{\{k\}}) = \frac{1}{\sum_{x\in\chi}\prod_k \varphi_k(x_{\{k\}})}\prod_k \varphi_k(x_{\{k\}}) \qquad (5-1)$$

其中，$x_{\{k\}}$ 表示马尔科夫网中的第 k 个团的状态，Z 为归一化参数，且 $\sum_{x\in\chi} P(X=x)=1$。

马尔科夫逻辑网[228]中的任一团中任一状态都有相应的特征值 $f_i(x)$，每一个团的权重令其为 w_i，每个团的势可以表示为 $e^{w_i f_i(x)}$，式 (5-1) 可以改写为：

$$P(X=x) = \frac{1}{z}\exp\left(\sum_i w_i f_i(x)\right) \qquad (5-2)$$

特征函数 $f_i(x)$：取值为 0 或 1。

一阶语言的逻辑体系是一阶逻辑的理论基础[235]，一阶逻辑严格使用数学描述完全无歧义的形式语言，通过允许在给定论域的个体上的量化而扩展出命题逻辑的演绎系统。一阶语言作为一阶逻辑的形式语言，主要由个体词（句子的主词）、谓词符号（描述客体性质和客体之间关系的词）、函数词符号、量词符号、连接词符号（数学逻辑中的与、或和非等逻辑词）、括号和逗号连接而成。由于马尔科夫逻辑网是将概率图和一阶逻辑相结合，因此，该算法即具有概率图的不确定性处理能力，又具备一阶逻辑的灵活建模能力。

马尔科夫逻辑网的定义[233][236]如下：

马尔科夫逻辑网 L 是二元项（F_i，w_i）集合，各参数定义如下：F_i 表示为一阶逻辑规则；w_i 表示为 F_i 的实数权值，该参数是一个实数；Markov 网 $M_{L,C}$ 由二元项和常量集合 $C=\{c_1,c_2,\cdots\cdots,c_n\}$ 生成的一个以闭谓词为节点，它们之间关系为边的关系网构成。

（1）$M_{L,C}$ 里面每一个二元节点与 L 中每个闭谓词相互对应，该节点的值取决于闭谓词的真假，即：若闭谓词取值为真则该值为1，反之为0。

（2）$M_{L,C}$里面每个特征值与F_i生成的每个闭规则相互对应，该特征值的权重为w_i，该值取决于闭规则的真假，假如闭规则是假则该特征值为0，否则为1。马尔科夫逻辑网组成示意图见图5-1。

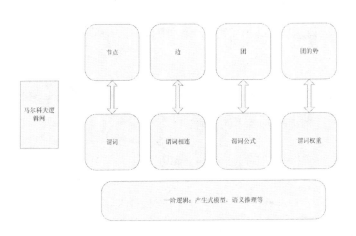

图5-1 马尔科夫逻辑网组成示意图

马尔科夫逻辑网用公式的权重来表示限制强度的大小，权值越大，则事件发生的概率越大。公式权值越大，该逻辑网距离纯一阶逻辑知识库越近。

马尔科夫逻辑网涉及两个方面：学习问题和推理问题。其中，马尔科夫逻辑网的学习有两种方法：参数学习（对逻辑网中知识库里每个公式权值进行学习）和结构学习（根据给定的数据集，学习合理的网络结构）。

权重w_i的对数似然函数梯度表示为：

$$\frac{\partial}{\partial w_i}\log P_w(X=x) = n_i(x) - \sum_{x'} P(X=x')n_i(x') \qquad (5-3)$$

其中，$n_i(x)$为世界x中公式F_i的真值个数，$P_w(X=x')$由权值$w=(w_1,\ldots\ldots w_i)$通过$P(X=x')$计算得出。$n_i(x')$和$n_i(x)$都是可以通过计算得到，目前使用最多的计算方法为[236]：最大伪似然估计方法和判别训练方法。

（1）最大伪似然估计方式。该方法通过将闭马尔科夫逻辑网中每个节点概率约束在其 Maekov 覆盖内进行，以此来减少运算量，计算公式如下：

$$P_w^* (X = x) = \prod_{l=1}^{n} P_w (X_l = x_l | MB_x (X_l)) \qquad (5-4)$$

其中，$MB_x (X_l)$ 为 X_l 的 Markov 的状态覆盖；伪似然估计函数的梯度计算公式为：

$$\frac{\partial}{\partial w_i} \log P_w^* (X = x) = \sum_{l=1}^{n} [n_i (x) - P_w (X_l = 0 | MB_x (X_l)) n_i (x_{[X_l=0]})]$$

$$- P_w (X_l = 1 | MB_x (X_l)) n_i (x_{[X_l=1]}) \qquad (5-5)$$

通过求解 $P_w^* (X = x) = 0$ 可以得到权值 w_i 的值。

（2）判别训练方法。该方法主要适用于以下情况：针对有一定的先验知识数据集，且已经知道哪些是查询谓词以及证据谓词，从而使任务改变为预测查询谓词，并能够把训练集分为证据谓词 X 以及查询谓词 Y，已知 X 时候的 Y 的条件概率如下所示：

$$P(y | x) = \frac{1}{z_x} \exp \left(\sum_{i \in F_y} w_i n_i (x,y) \right) \qquad (5-6)$$

F_y 为规则集合，该集合中对应的闭规则都至少包含一个闭查询谓词；$n_i (x, y)$ 为第 i 个规则的真闭规则数。对上式求 w_i 可得：

$$\frac{\partial}{\partial w_i} P(y | x) = n_i (x, y) - E_w [n_i (x, y)] \qquad (5-7)$$

$E_w [n_i (x,y)]$ 通过最大可能状态下的 $n_i (x,y)$ 求得。

马尔科夫逻辑网推理：

马尔科夫逻辑可以回答随意性问题，如：规则 F_1 包含规则 F_2 的概率是多少这类问题。如果 F_1 和 F_2 两个规则属于第一层逻辑，C 则是一个包含所有出现在 F_1 或 F_2 中的所有常量的有限集合。

$$P(F_1 \mid F_2, L, C) = P(F_1 \mid F_2, M_{L,C})$$

$$= \frac{P(F_1 \wedge F_2, M_{L,C})}{P(F_2 \mid M_{L,C})} \tag{5-8}$$

$$= \frac{\sum\limits_{x \in \chi_{F_1} \cap \chi_{F_2}} P(X = x \mid M_{L,C})}{\sum\limits_{x \in \chi_{F_2}} P(X = x \mid M_{L,C})}$$

χ_{F_i}是符合规则 F_i 相对应的真实世界，$P(x, M_{L,C})$ 由上式得到，知识库 KB 是否包含一阶逻辑规则 F 的问题可以转化为判断 $P(F \mid L_{K,B}, C_{KB,F}) = 1$；$L_{K,B}$是给 MLN 中的知识库 KB 中所有规则赋予无限权值；$C_{KB,F}$是所有出现在 KB 知识库或 F 规则中的常数。通用算法运算步骤如下所示[233]：

函数：构建 Markov 逻辑网络 （F_1，F_2，L，C）

输入：F_1：基于未知真实值的问题集合；

　　　F_2：基于未知真实值的证据集合；

　　　L：马尔科夫逻辑网络；

　　　C：常数集合；

输出：M：马尔科夫逻辑网络判定结果

调用函数：$MB(q)$，q 为 $M_{L,C}$的马尔科夫毯（the Markov blanket）

　$G \leftarrow F_1$

　　While $F_1 \neq \phi$

　　for all $q \in F_1$

　　if $q \notin F_2$

　$F_1 \leftarrow F_1 \cup (MB(q)\ C)$

　　$G \leftarrow G \cup MB(q)$

　　$G \leftarrow G \cup MB(q)$

返回值 M：在 G 中，马尔科夫网络包含了所有节点；$M_{L,C}$中的所有连接弧，其相应的所有特征和权值。

第二步：在网络中的推理，其中 F_2 中的节点是 F_2 的值，当马尔科夫毯

B_l 的状态是 b_l 时，闭原子 X_l 的概率为：

$$P(X_l = x_l | B_l = b_l)$$

$$= \frac{\exp(\sum_{f_i \in F_l} w_i f_i(X_l = x_l, B_l = b_l))}{\exp(\sum_{f_i \in F_l} w_i f_i(X_l = 0, B_l = b_l)) + \exp(\sum_{f_i \in F_l} w_i f_i(X_l = 1, B_l = b_l))}$$

$$(5-9)$$

其中，F_l 是 X_l 出现规则集合；f_i $(X_l = x_l, B_l = b_l)$ 为当满足 $X_l = x_l$ 并且 $B_l = b_l$ 条件时，第 i 个规则对应的特征值，该值为 0 或 1。具体介绍详见文献[233]。

由于马尔科夫逻辑网本质上是公式附加权值的一阶逻辑知识库，不需要假设观测到的数据是相互独立的，且具备 Markov 性（即 t 时刻的状态完全取决于 $t-1$ 时刻的状态）。因此，根据前面章节识别出人体的简单行为，本章通过运用马尔科夫逻辑网建立相应的逻辑规则，并采用马尔科夫逻辑网对人体复杂行为进行识别。

5.3　基于马尔科夫逻辑网的复杂行为识别

本章通过利用人体复杂行为的直觉知识库建立出的事件逻辑推理框架，以文献[237]为基础，创建出常见复杂行为的规则。本章定义以下参数：

T：$\{t_1, t_2, \cdots\cdots t_n\}$ 为待检测行为视频中的时间间隔集合；

O：$\{o_1, o_2, \cdots\cdots, o_n\}$ 为检测出的人体关键点集合；

S：$\{\delta_1, \delta_2, \cdots\cdots, \delta_n\}$ 为重建出的相空间特征和时空兴趣点特征综合特征集合；

L：$\{\sigma_1, \sigma_2, \cdots\cdots, \sigma_n\}$ 为同一时间间隔内视频中已经识别出的人体简单行为。

根据人体发生复杂行为时身体各个部位的运动规律设定以下规则：

（1）空间规则。

near（δ_i，δ_j）：人体关键点之间的距离相互很近（小于某个阈值）；

far（δ_i，δ_j）：人体关键点之间的距离很远（大于某个阈值）；

parallel（δ_i，δ_j）：人体关键点之间距离在最大阈值和最小阈值之间（如：当人体做引体向上动作时）；

cross（δ_i，δ_j）：人体关键点轨迹发生交集；

on（o_i，o_j）：关键点 i 在关键点 j 之上或者 j 在 i 之上；

down（o_i，o_j）：关键点 i 在关键点 j 之上或者 j 在 i 之上；

phasespace（o_i，o_j）：关键点 i，j 的相空间，通过该规则判断节点间的相互运动方法，相互运动快慢。

（2）时空规则。

Move（o_i，δ_i，t_i）：在时间间隔 t_i，节点 o_i 的相空间 δ_i 发生改变；

stopAt（o_i，δ_i，t_i）：在时间间隔 t_i，节点 o_i 的相空间 δ_i 没有发生改变；

人体复杂行为规则包括三种类型的谓词（时间，空间和时空谓词）。以两个人进行相互的拳击行为为例，该交互行为由双方的双手交替挥拳和双腿交替跳跃构成。因此，根据前面章节论述的方法，假设已经得到组成拳击行为的挥拳、跳跃和转体等简单行为，然后通过马尔科夫逻辑网构建人体复杂行为规则，再通过马尔科夫逻辑网识别出双方的交互拳击行为。

下面，我们通过到人体双手、双肩、双髋、双膝和双腿的节点，根据发生运动的节点制定逻辑规则。

双手节点规则：*near*（δ_1，δ_2）表示双手节点非常靠近；*cross*（δ_1，δ_2）表示双节点的运动轨迹发生交集；*phasespace*（δ_1，δ_2）表示双手节点呈快速的交替运动。

双肩节点规则：*near*（δ_3，δ_4）表示双肩节点非常靠近；*phasespace*（δ_3，

δ_4）表示双肩呈快速转。

双髋节点规则：$near$（δ_5，δ_6）表示双髋节点非常靠近；$phasespace$（δ_5，δ_6）表示双髋节点绕人体结构模型中心点转动；$phasespace$（δ_5，δ_6）表示双髋节点呈快速的交替运动。

双膝节点规则：$near$（δ_7，δ_8）表示双膝节点非常靠近；$parallel$（δ_7，δ_8）表示双膝近似认为做平行轨迹运动（双膝节点的距离在最大阈值和最小阈值之间，近似认为其为平行运动）；$phasespace$（δ_7，δ_8）表示双膝节点绕人体结构模型中心点转动；$phasespace$（δ_7，δ_8）表示双髋节点呈快速的交替运动。

双腿节点规则：$near$（δ_9，δ_{10}）表示双腿节点非常靠近；$parallel$（δ_9，δ_{10}）表示双腿近似认为做平行轨迹运动（双腿节点的距离在最大阈值和最小阈值之间，近似认为其为平行运动）；$phasespace$（δ_9，δ_{10}）表示双腿节点绕人体结构模型中心点转动；$phasespace$（δ_9，δ_{10}）表示双腿节点呈快速的交替跳跃运动。

相互发生运动的规则如下。

双肩和双手：$Move$（o_1，δ_1，t_1）、$Move$（o_2，δ_2，t_1）、$Move$（o_3，δ_3，t_1）；$Move$（o_4，δ_4，t_1）；

双手和双髋：$Move$（o_1，δ_1，t_1）、$Move$（o_2，δ_2，t_1）、$Move$（o_5，δ_5，t_1）、$Move$（o_6，δ_6，t_1）；

双髋和双膝：$Move$（o_5，δ_5，t_1）、$Move$（o_6，δ_6，t_1）、$Move$（o_7，δ_7，t_1）、$Move$（o_8，δ_8，t_1）；

双膝和双腿：$Move$（o_7，δ_7，t_1）、$Move$（o_8，δ_8，t_1）、$Move$（o_9，δ_9，t_1）、$Move$（o_{10}，δ_{10}，t_1）。

基于文献[228]的方法，定义复杂行为的类似规则：

$\forall t \in timestamp$，$\exists l_i \in activity$：$activity$（δ_i，t）$\wedge activity$（δ_j，t）$\rightarrow action$

(δ_1, δ_2)

复杂行为识别方法示意图见图 5 - 2。

综上所述，通过对马尔科夫逻辑网的关键点之间时空关系、已识别出的简单行为和复杂行为组成定义等多层定义，通过马尔科夫逻辑网的推理机制识别出复杂行为。

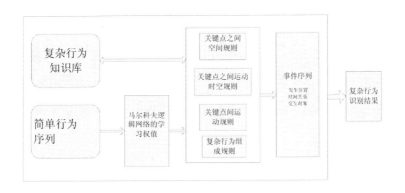

图 5 - 2   MLN 识别示意图

5.4   实验与结果

我们利用 UCF sports[155]、UT-interaction dataset[238]、Olympic sports dataset[239] 和 HOLLYWOOD &HOLLYWOOD-2 human actions datasets[240][241] 数据库，对上述算法进行实验验证。首先，利用现有数据库图片进行试验验证算法的优越性，然后采用我们自己建立的数据库图片验证算法通用性。实验时我们采用了 CPU 为 I3-4160 双核处理器（3.6GHz）、8G 内存的普通 PC，利用 VC + + 在 Windows 7 系统上编程实现本章算法。

5.4.1   UCF sports 数据库

该数据库由美国佛罗里达中心大学（University of Central Florida，简称

UCF）电子工程与计算机系研究人员创建，数据库总共包含了近 200 个行为视频，这些行为视频中记录的动作类别总共有 9 种，分别是跳水（含 16 个视频）、打高尔夫球（含 25 个视频）、踢腿（含 25 个视频）、举重（含 15 个视频）、骑马（含 14 个视频）、奔跑（含 15 个视频）、滑雪（含 15 个视频）、旋转（含 35 个视频）、步行（含 22 个视频）），这些运动视频主要是来源于 BBC、ESPN 和 YouTube 等广播电视娱乐频道。具体介绍见前面章节，示意图见图 5 – 3。

图 5 – 3　UCF 数据库中实验视频图例

根据前面章节的论述，在识别出挥手、弯腰、踢腿、跳跃等简单行为的基础上，现利用 MLN 识别出上图 a1：打高尔夫球 1；a2：打高尔夫球 2；a3：踢球 1；a4：踢球 2；a5：骑马 1；a6：骑马 2；a7：打排球 1；a8：打排球 2。实验结果见表 5 – 1。

表 5 – 1　利用 UCF sports 数据库进行识别结果

a1	0.85	0.01	0.02	0.11	0.00	0.03	0.02	0.02
a2	0.01	0.82	0.10	0.00	0.00	0.00	0.01	0.00
a3	0.03	0.01	0.78	0.02	0.11	0.00	0.00	0.01
a4	0.01	0.11	0.03	0.89	0.00	0.00	0.00	0.00
a5	0.00	0.02	0.00	0.00	0.90	0.00	0.01	0.10
a6	0.01	0.01	0.02	0.00	0.00	0.88	0.00	0.00
a7	0.10	0.03	0.01	0.00	0.00	0.00	0.87	0.10
a8	0.00	0.00	0.00	0.01	0.00	0.02	0.00	0.84
	a1	A2	a3	a4	a5	a6	a7	a8

5.4.2　UT-interaction dataset

　　UT-interaction dataset 包含 6 类人—人交互行为的连续视频：挥手、用手指、拥抱、推、踢腿和拳击。该数据库共有 20 段视频片段，每段的长度约为 1 分钟。每段视频至少包含了一段交互行为，视频中的部分行为人有 15 种不同着装。具体内容介绍见文献[238]，示意图见图 5 - 4。

图 5 - 4　UT-interaction 数据库中实验视频图例

　　根据前面章节的论述，在识别出出拳、弯腰、踢腿、推、握手、指示、拥抱等简单行为的基础上，现利用 MLN 识别出上图 a1：挥拳打人；a2：抬腿踢人；a3：推人；a4：握手；a5：指示；a6：拥抱；a7：握手。实验结果见表 5 - 2。

表 5 - 2 利用 UT-interaction dataset 数据库进行识别结果

a1	0.88	0.00	0.02	0.11	0.01	0.04	0.01
a2	0.00	0.83	0.10	0.00	0.00	0.01	0.01
a3	0.02	0.10	0.83	0.00	0.00	0.01	0.02
a4	0.00	0.00	0.00	0.80	0.00	0.00	0.00
a5	0.00	0.00	0.00	0.00	0.78	0.00	0.00
a6	0.00	0.00	0.01	0.03	0.02	0.82	0.00
a7	0.00	0.01	0.00	0.00	0.00	0.00	0.81
	a1	a2	a3	a4	a5	a6	a7

5.4.3 Olympic sports dataset

Olympic sports dataset[239] 创建于 2010 年，该数据库内容主要由各种运动行为构成。创建该数据库的主要目的是通过对时间属性的人体行为建模研究运动行为。该数据库中人体行为被表示为具有时间属性的行为片段。该数据库包含从 16 种运动行为中抽取的 50 段视频：跳高、跳远、三级跳远、撑杆跳、掷铁饼、掷铁链、掷标枪、掷链球、推铅球、跳跃投篮、保龄球、网球式发球、高台跳水、弹板跳水、抓举举重、挺举举重和体能训练。示意图见图 5 - 5。

图 5 - 5 Olympic sports 数据库中实验视频图例

根据前面章节的论述，在识别出跳跃、抬手、挥手等简单行为的基础上，现利用 MLN 识别出上图 a1：跳高 1；a2：跳远 1；a3：跳远 2；a4：跳高 2；a5：掷铁饼；a6：掷链球；a7：掷标枪；a8：推铅球。实验结果见表 5 - 3。

表 5 - 3　利用 Olympic sports dataset 进行识别结果

a1	0.87	0.01	0.01	0.00	0.00	0.00	0.03	0.01
a2	0.00	0.82	0.00	0.00	0.00	0.00	0.00	0.00
a3	0.10	0.00	0.88	0.00	0.01	0.00	0.00	0.00
a4	0.02	0.01	0.00	0.83	0.00	0.00	0.00	0.00
a5	0.00	0.00	0.22	0.00	0.82	0.00	0.01	0.01
a6	0.00	0.00	0.00	0.00	0.05	0.83	0.00	0.01
a7	0.01	0.03	0.00	0.00	0.00	0.00	0.80	0.00
a8	0.00	0.00	0.00	0.01	0.01	0.00	0.00	0.81
	a1	A2	a3	a4	a5	a6	a7	a8

5.4.4　HOLLYWOOD & HOLLYWOOD-2 human actions datasets

HOLLYWOOD&HOLLYWOOD-2[240][241] 人体行为数据库由法国 IRISA 研究所创建，该数据库提供了各类行为人的表情、姿态、运动和着装；透视影响和相机运动；光照变化；遮挡和变化场景。HOLLYWOOD 数据库包含 32 段电影视频中的人体行为。每段采样视频包括以下 8 种行为：回电话、出门、握手、拥抱、亲吻、坐下、起立和立正。数据库分为一个从 20 段视频重提取的测试视频集和两个从 12 段电影视频提取的训练视频集。而 HOLLYWOOD-2 数据库是 HOLLYWOOD 数据库的升级版，该数据库包含 12 种人体行为：回电话、开车、吃东西、打架、出门、握手、拥抱、亲吻、跑、坐下、起立和立正。示意图见图 5 - 6。

根据前面章节的论述，在识别出抬手、奔跑、弯腰等简单行为的基础上，现利用 MLN 识别出上图 a1：停车；a2：奔跑；a3：开车；a4：拿东西；a5：接电话；a6：拥抱。实验结果见表 5 - 4。

图 5-6　HOLLYWOOD &HOLLYWOOD-2 数据库中实验视频图例

表 5-4　利用 HOLLYWOOD &HOLLYWOOD-2 数据库进行识别结果

$a1$	0.82	0.01	0.10	0.00	0.00	0.01
$a2$	0.00	0.79	0.01	0.00	0.01	0.01
$a3$	0.01	0.00	0.78	0.00	0.10	0.00
$a4$	0.00	0.00	0.00	0.80	0.10	0.03
$a5$	0.02	0.10	0.03	0.02	0.81	0.04
$a6$	0.00	0.01	0.03	0.01	0.02	0.83
	$a1$	$a2$	$a3$	$a4$	$a5$	$a6$

5.4.5　自建数据库

为了验证本章算法的有效性，我们在不同场景环境下自拍了 30 段复杂行为视频，每段视频时间长为 30s～60s，分辨率为 1048×1448 像素，帧数最大 25 帧/秒，其中用于验证算法的行为视频包括的动作有（a1）、拍肩膀（a2）、踢腿（a3）、拥抱（a4）、甲挥拳（a5）、乙挥拳（a6）动作，具体见图 5-6。

在前面章节的基础上，现利用 MLN 识别出握手（a1）、拍肩膀（a2）、踢腿（a3）、拥抱（a4）、甲挥拳（a5）、乙挥拳（a6）等动作，实验结果见表 5-5。

图 5 – 7 HOLLYWOOD &HOLLYWOOD-2 数据库中试验视频图例

表 5 – 5 利用自建数据库进行识别结果

a1	0.84	0.00	0.16	0.03	0.10	0.02
a2	0.01	0.80	0.02	0.10	0.03	0.11
a3	0.00	0.10	0.79	0.03	0.12	0.01
a4	0.01	0.00	0.00	0.81	0.01	0.02
a5	0.01	0.13	0.00	0.20	0.80	0.04
a6	0.10	0.03	0.02	0.03	0.00	0.82
	a1	a2	a3	a4	a5	a6

5.5 本章小结

　　本章在准确识别出简单行为的基础上，通过利用人体复杂行为的直觉知识库建立了复杂行为逻辑推理框架，以此创建了常见的复杂行为的规则，最后利用马尔科夫逻辑网识别常见的行为人的复杂行为。本文最后采用 UCF sports、UT-interaction dataset、Olympic sports dataset、HOLLYWOOD &HOLLYWOOD-2 human actions datasets 和自建的数据库对算法进行验证，并与现有方法进行实验对比，验证本文识别算法的准确性和有效性。实验结果表明利用 MLN 建模对复杂行为建模既保持了灵活建模能力，又具备处理不确定性问题的能力，该方法不仅可以应用于人体复杂行为、交互行为分析，还可以扩展到多人交互行为识别，算法的实时性强并具有一定的鲁棒性。

第 6 章　结束语

6.1　本文工作总结

　　人体行为识别是计算机视觉的一个研究重点和难点，目前引起了众多学者的广阔关注。本文围绕人体复杂行为识别的几项关键技术进行了深入研究，主要创新性工作总结如下。

　　（1）针对人体关键点跟踪过程中由于遮挡导致关键点跟踪丢失的问题，提出了一种基于改进粒子滤波器的多目标跟踪方法。将人体结构用一个由 14 个关键点组成的人体模型表示，使用基于马尔科夫链（Markov Chain Monte Carlo models）的改进粒子滤波算法对人体可视各个关键点进行多目标同时跟踪；定义了关键点遮挡条件判据，在此基础上，利用基于 SFM（structure from motion）的人体遮挡位置轨迹点重建算法，得出人体全部关键点的在非遮挡情况下和遮挡情况下的全部运动轨迹，最终实现用人体关键点运动轨迹表示人体行为的目的，实验结果表明了该方法的有效性。

　　（2）针对以往识别结果受到目标的像素和外形特征等因素影响，将人体行为序列定义为一个非线性系统并简化相应的数学模型，即：将一系列人体行为即已得到的关键点轨迹定义为一个非线性系统，利用相空间理论对已得到的关键点轨迹进行相空间重构获得相空间特征；利用词包法将相空间特征和时空兴趣点特征进行融合得到人体复杂行为特征。

（3）针对行为人在发生的行为因为遮挡或者自遮挡情况在同一场景下同一行为可能会出现不同的识别即行为出现歧义性的情况，提出了基于改进 PL-SA 和案例推理算法的简单行为识别方法。利用改进的 PLSA 识别算法先对行为人的行为进行识别，该改进方法可以克服传统 PLSA 算法中生成式模型对观察特征序列的独立性假设会导致过拟合的缺点；然后利用案例推理原理消除由于遮挡等原因引起的歧义性。

（4）提出了基于马尔科夫逻辑网络的复杂行为识别方法。在准确识别出简单行为的基础上，通过利用人体复杂行为的直觉知识库建立出的复杂行为逻辑推理框架，以此创建了常见的复杂行为的规则，最后利用马尔科夫逻辑网识别常见的行为人的复杂行为。

6.2 进一步研究工作

本文在人体行为识别领域的相关研究中做了一些工作，主要研究简单行为和简单场景下的复杂人体行为，但是视频中的人体行为识别性能还无法达到令人满意的程度。在以后的工作中，本文将从以下方面展开进一步研究。

（1）在人体目标检测方面：目前的人体目标检测及跟踪方法具有一定的局限性，通常是室内或者比较理想的室外环境，而在真实的复杂场景下（例如雨天、雪天以及大风等情况下）要实现理想的检测和跟踪效果，还需要对建立运动目标特征模型进行进一步的研究。此外，由于摄像机在采集视频时往往不是正对人体目标，不可避免会出现人体轮廓的变形、遮挡及自遮挡情况，如何在这些情况下准确检测人体目标也非常具有研究价值。

（2）在实际监控场合，目标跟踪算法不仅要针对单个摄像机的多目标跟踪，而且还要解决由于使用多个摄像机而产生的多个目标之间的相互遮挡和多目标的交互情况下的跟踪，此外，还需要考虑实际监控环境的影响往往会给人体目标跟踪带来很大的干扰，如何在这些情况下既保证跟踪精度又保证算法的鲁棒性是今后的研究中需要考虑的重点。

（3）人体运动目标的行为分析当前主要针对较为简单的人体行为，而对于人体交互行为、包括人群行为等情况，由于行为的复杂性，例如，群体行为中各成员的行为不尽相同、集体性的人群行为和遮挡情况下多人行为识别等情况下的降维和特征提取算法对于提升算法的鲁棒性和正确度都非常重要，如何解决这些问题，也是将来工作的重点。

参考文献

［1］张洪博. 视频中人体行为识别的若干关键技术研究［D］. 厦门:厦门大学,2013.

［2］何卫华. 人体行为识别关键技术研究［D］. 重庆:重庆大学, 2012.

［3］Shian-Ru K,Hoang L U T,Yong-Jin L,et al. A Review on Video-Based Human Activity Recognition［J］. Computers,2013,2:88 － 131

［4］K. Aggarwal J, S. Ryoo M. Human activity analysis:A review. ［J］. TO AP-PEAR. ACM COMPUTING SURVEYS,2011,43(3):194 － 218.

［5］张浩. 视频运动人体行为识别与分类方法研究［D］. 西安:西安电子科技大学,2011.

［6］赵海勇. 基于视频流的运动人体行为识别研究［D］. 西安:西安电子科技大学,2011.

［7］Vishwakarma S,Agrawal A. A survey on activity recognition and behavior un-derstanding in video surveillance［J］. The Visual Computer,2013,29 (10):983 － 1009.

［8］Nguyen N T,Phung D Q,Venkatesh S. Learning and Detecting Activities from

Movement Trajectories Using the Hierarchical Hidden Markov Models. [J]. In Proceedings of IEEE International Conference on Computer Vision and Pattern Recognition (CVPR) ,2005 ,2 :955 – 960.

[9] Zhang D ,Gatica-Perez D ,Bengio S ,et al. Modeling individual and group actions in meetings with layered HMMs[J]. Multimedia ,IEEE Transactions on ,2006 ,8 (3) :509 – 520.

[10] Yu E ,Aggarwal J K. Detection of Fence Climbing from Monocular Video[C]. Pattern Recognition, International Conference on. IEEE Computer Society, 2006 :375 – 378.

[11] Dai P ,Di H ,Dong L ,et al. Group Interaction Analysis in Dynamic Context [J]. Systems ,Man ,and Cybernetics ,Part B : Cybernetics ,IEEE Transactions on ,2008 ,38 (1) :275 – 282.

[12] Damen D ,Hogg D. Recognizing linked events : Searching the space of feasible explanations[J]. 2009 IEEE Conference on Computer Vision and Pattern Rec-ognition ,2009 :927 – 934.

[13] Y Z ,Y Z ,E S ,et al. Modeling Temporal Interactions with Interval Temporal Bayesian Networks for Complex Activity Recognition[J]. IEEE Trans Pattern Anal Mach Intell ,2013 ,35 (10) :2468 – 2483.

[14] Swears E ,Hoogs A ,Ji Q ,et al. Complex Activity Recognition Using Granger Constrained DBN (GCDBN) in Sports and Surveillance Video [C]. 2014 IEEE Conference on Computer Vision and Pattern Recognition (CVPR). IEEE Computer Society ,2014 :788 – 795.

[15] Cho S ,Kwak S ,Byun H. Recognizing human-human interaction activities using visual and textual information[J]. Pattern Recognition Letters ,2013 ,34 (15) : 1840 – 1848.

［16］ Tran K N,Gala A,Kakadiaris I A,et al. Activity analysis in crowded environments using social cues for group discovery and human interaction modeling ［J］. Pattern Recognition Letters,2014,44(8):49 – 57.

［17］ Tao H u,Xinyan Zhu,Wei Guo,Kehua Su. Efficient Interaction Recognition through Positive Action Representation［J］. Mathematical Problems in Engineering;2013(2013):1 – 11.

［18］ Xiaofei Ji,Ce Wang,Yibo Li. A View-Invariant Action Recognition Based on Multi-View Space Hidden Markov Models［J］. International Journal of Humanoid Robotics. 2014,11(1):1 –17.

［19］ Natarajan P,Nevatia R. Hierarchical multi-channel hidden semi Markov graphical models for activity recognition［J］. Computer Vision and Image Understanding,2013,117(10):1329 – 1344.

［20］ Shian-Ru Ke,Hoang Le Uyen Thuc,Jenq-Neng Hwang,Jang-Hee Yoo,Kyoung-Ho Choi. Human Action Recognition Based on 3D Human Modeling and Cyclic HMMs［J］. ETRI Journal. 2014,36(4):662 – 672.

［21］ 吕庆聪,李绍滋. 面向人—物交互的视觉识别方法研究［J］. 计算机工程与设计,2012,33(8):3194 – 3199.

［22］ 林国余,柏云,张为公. 基于耦合隐马尔可夫模型的异常交互行为识别［J］. 东南大学学报:自然科学版,2013,(6):1217 – 1221.

［23］ 王生生,杨锋,刘依婷,等. 基于时空关系的复杂交互行为识别［J］. 吉林大学学报:工学版,2014,(2):421 – 426.

［24］ Shi Y,Huang Y,Minnen D,et al. Propagation networks for recognition of partially ordered sequential action［J］. In CVPR,2004:862 – 869.

［25］ Popa, M. C, Rothkrantz, L. J. M. , Datcu, D, Wiggers, P, Braspenning, R. , Shan,C,A comparative study of HMMS and DBN applied to facial action units recognition[J]. Neural network world. 2010,20(6) :737 −760.

[26] Suk H-,Jain A K,Lee S-. A Network of Dynamic Probabilistic Models for Human Interaction Analysis[J]. Circuits and Systems for Video Technology,IEEE Transactions on,2011,21(7):932 −945.

[27] Park S,K. Aggarwal J. A Hierarchical Bayesian Network For Event Recognition Of Human Actions And Interactions[J]. Multimedia Systems,2004,10(2): 164 −179.

[28] Gupta A,Davis L S. Objects in Action:An Approach for Combining Action Understanding and Object Perception[C]. 2007 IEEE Conference on Computer Vision and Pattern Recognition. IEEE Computer Society,2007:1 −8.

[29] 杜友田,陈峰,徐文立. 基于多层动态贝叶斯网络的人的行为多尺度分析及识别方法[J]. 自动化学报,2009,35(3):225 −232.

[30] Ivanov Y A,Bobick A F. Recognition of visual activities and interactions by stochastic parsing[J]. IEEE TRANSACTIONS ON PATTERN ANALYSIS AND MACHINE INTELLIGENCE,2000,22(8):852 −872.

[31] Moore D,Essa I. Recognizing Multitasked Activities from Video Using Stochastic Context-Free Grammar[J]. In Proc. AAAI National Conf. on AI,2002: 770 −776.

[32] Joo S,Chellappa R. Attribute Grammar-Based Event Recognition and Anomaly Detection[J]. Computer Vision and Pattern Recognition Workshop,2006. CVPRW 06. Conference on,2006:107.

[33] S. Ryoo M,K. Aggarwal J. Recognition of Composite Human Activities through Context-Free Grammar Based Representation[C]. Computer Vision and Pattern Recognition,2006 IEEE Computer Society Conference on. IEEE,2006: 1709 −1718.

[34] Aggarwal S P A J K. Simultaneous tracking of multiple body parts of interacting persons[J]. COMPUTER VISION AND IMAGE UNDERSTANDING, 2006, 102(1):1 – 21.

[35] Ryoo M S, Aggarwal J K. Spatio-temporal relationship match: Video structure comparison for recognition of complex human activities[C]. Computer Vision, 2009 IEEE 12th International Conference on. IEEE, 2009: 1593 – 1600.

[36] A G, A K, LS. D. Observing Human-Object Interactions: Using Spatial and Functional Compatibility for Recognition[J]. Pattern Analysis and Machine Intelligence, IEEE Transactions on, 2009, 31(10):1775 – 1789.

[37] Lan T, Yang W, Wang Y, et al. Beyond Actions: Discriminative Models for Contextual Group Activities. [J]. In Advances in Neural Information Processing Systems, 2010.

[38] PatronPerez A, Marszalek M, Reid A Z A I. High five: Recognising human interactions in tv shows[J]. Schools and Disciplines, 2010.

[39] Yao B, Fei-Fei L. Modeling mutual context of object and human pose in human-object interaction activities[C]. Computer Vision and Pattern Recognition (CVPR), 2010 IEEE Conference on. IEEE, 2010:17 – 24.

[40] Choi W, Shahid K, Savarese S. Learning context for collective activity recognition[C]. Computer Vision and Pattern Recognition (CVPR), 2011 IEEE Conference on. IEEE, 2011:3273 – 3280.

[41] Vahdat A, Gao B, Ranjbar M, et al. A discriminative key pose sequence model for recognizing human interactions[C]. Computer Vision Workshops (ICCV Workshops), 2011 IEEE International Conference on. IEEE, 2011: 1729 – 1736.

[42] Desai C, Ramanan D, Fowlkes C. Discriminative models for static human-object interactions [C]. Computer Vision and Pattern Recognition Workshops (CVPRW), 2010 IEEE Computer Society Conference on. IEEE, 2010: 9 – 16.

[43] 金标, 胡文龙, 王宏琦. 基于时空语义信息的视频运动目标交互行为识别方法 [J]. 光学学报, 2012, (5): 145 – 151.

[44] 于仰泉. 基于时空特征的交互行为识别研究 [D]. 吉林: 吉林大学, 2012.

[45] 杨锋. 基于时空推理的复杂交互行为识别 [D]. 吉林: 吉林大学, 2013.

[46] Mukhopadhyay S, Leung H. Recognizing human behavior through nonlinear dynamics and syntactic learning [C]. Systems, Man, and Cybernetics (SMC), 2012 IEEE International Conference on. IEEE, 2012: 846 – 850.

[47] Intille S S, Bobick A F. A Framework For Recognizing Multi-Agent Action From Visual Evidence [J]. In AAAI-99, 1999: 518 – 525.

[48] Siskind J M. Grounding the lexical semantics of verbs in visual perception using force dynamics and event logic [C]. Journal of Artificial Intelligence Research. 2001: 31 – 90.

[49] Nevatia R, Zhao T, Hongeng S. Hierarchical Language-based Representation of Events in Video Streams [C]. 2012 IEEE Computer Society Conference on Computer Vision and Pattern Recognition Workshops. IEEE Computer Society, 2003: 39.

[50] Ghanem N, Dementhon D, Doermann D, et al. Representation and Recognition of Events in Surveillance Video Using Petri Nets [J]. Computer Vision and Pattern Recognition Workshop, 2004. CVPRW ´04. Conference on, 2004, 7: 112.

[51] Vu V, Bremond F, Thonnat M. Automatic video interpretation: A novel algo-

rithm for temporal scenario recognition[J]. in Proc. 8th Int. Joint Conf. Artif. Intell,2003:9 – 15.

[52] Hakeem A,Sheikh Y,Shah M. Casee: A hierarchical event representation for the analysis of videos[J]. in: The Nineteenth National Conference on Artificial Intelligence,2004:263 – 268.

[53] Per? e M,Kristan M,Per? J,et al. Analysis of multi-agent activity using petri nets[J]. Pattern Recognition,2010,43(4):1491 – 1501.

[54] Lavee G,Rudzsky M,Rivlin E,et al. Video Event Modeling and Recognition in Generalized Stochastic Petri Nets[J]. Circuits and Systems for Video Technology,IEEE Transactions on,2010,20(1):102 – 118.

[55] Albanese M,Chellappa R,Moscato V,et al. A Constrained Probabilistic Petri Net Framework for Human Activity Detection in Video [J]. Multimedia,IEEE Transactions on,2008,10(8):1429 – 1443.

[56] S. Ryoo M,K. Aggarwal J. Recognition of Composite Human Activities through Context-Free Grammar Based Representation [C]. Computer Vision and Pattern Recognition,2006 IEEE Computer Society Conference on. IEEE,2006: 1709 – 1718.

[57] Hakeem A,Shah M. Learning,detection and representation of multi-agent events in videos [J]. ARTIFICIAL INTELLIGENCE, 2007, 171 (8 – 9): 586 – 605.

[58] S. Ryoo M,K. Aggarwal J. Semantic Representation and Recognition of Continued and Recursive Human Activities[J]. International Journal of Computer Vision,2009,volume 82(1):1 – 24(24).

[59] Kardas K,Ulusoy I,Cicekli N K. Learning complex event models using markov logic networks[C]. Multimedia and Expo Workshops (ICMEW),2013 IEEE

International Conference on. IEEE,2013:1 – 6.

[60] Zhang Y,Ji Q,Lu H. Event Detection in Complex Scenes Using Interval Temporal Constraints[J]. Computer Vision (ICCV),2013 IEEE International Conference on,2013:3184 – 3191.

[61] Wang Y,Mori G. A Discriminative Latent Model of Object Classes and Attributes[J]. Computer Vision-ECCV 2010,2010.

[62] Kong Y,Jia Y,Fu Y. Learning Human Interaction by Interactive Phrases[J]. Lecture Notes in Computer Science,2012:300 – 313.

[63] Tran S D,Davis L S. Event modeling and recognition using markov logic networks[J]. IN ECCV,2008:610 – 623.

[64] Sadilek A,Kautz H. Recognizing Multi-Agent Activities from GPS Data[J]. In AAAI,2008.

[65] Gupta A,Srinivasan P,Shi J,et al. Understanding videos,constructing plots learning a visually grounded storyline model from annotated videos[C]. 2013 IEEE Conference on Computer Vision and Pattern Recognition. IEEE,2009: 2012 – 2019.

[66] Lan T,Wang Y,Yang W,et al. Discriminative Latent Models for Recognizing Contextual Group Activities[J]. IEEE Transactions on Software Engineering, 2012,34(8):1549 – 1562.

[67] SanMiguel J C,Martínez J M. A semantic-based probabilistic approach for real-time video event recognition[J]. Computer Vision and Image Understanding, 2012,116:937 – 952.

[68] Motiian S,Feng K,Bharthavarapu H,et al. Pairwise Kernels for Human Interaction Recognition[J]. Advances in Visual Computing,2013.

[69] Slimani K N E H,Benezeth Y,Souami F. Human Interaction Recognition

Based on the Co-occurrence of Visual Words[C]. Computer Vision and Pattern Recognition Workshops (CVPRW), 2014 IEEE Conference on. IEEE, 2014:461 – 466.

[70] 谢立东. 基于分层方法的复杂人体行为识别研究[D]. 厦门: 厦门大学, 2014.

[71] 谷军霞, 林润生, 王省. AdaBoost-EHMM 算法及其在行为识别中的应用[J]. 计算机工程与应用, 2013, (14):186 – 192.

[72] Meyer F G, Bouthemy P. Region-based tracking using affine motion models in long image sequences[J]. CVGIP Image Understanding, 1994, 60 (2): 119 – 140.

[73] Salembier P, Marques F. Region-based representations of image and video: segmentation tools for multimedia services[J]. Circuits and Systems for Video Technology, IEEE Transactions on, 1999, 9(8):1147 – 1169.

[74] Schmaltz C, Rosenhahn B, Brox T, et al. Region-based pose tracking with occlusions using 3D models[J]. Machine Vision & Applications, 2012, 23(3): 557 – 577.

[75] Chan F, Jiang M, Tang J, et al. Salient region detection for object tracking[J]. Mobile Multimedia/Image Processing, Security, and Applications 2012, 2012.

[76] Varas D, Marques F. A region-based particle filter for generic object tracking and segmentation[C]. Image Processing (ICIP), 2012 19th IEEE International Conference on. IEEE, 2012:1333 – 1336.

[77] Yokoyama M, Poggio T. A contour-based moving object detection and tracking[J]. 2nd Joint IEEE International Workshop on Visual Surveillance and Performance Evaluation of Tracking and Surveillance, 2005:271 – 276.

[78] Chiverton J, Mirmehdi M, Xie X. On-line learning of shape information for object segmentation and tracking[J]. In: Proc. Of British Machine Vision Conference(BMVC), 2009: 1–11.

[79] Cai L, He L, Yamashita T, et al. Robust contour tracking by combining region and boundary information[J]. Circuits and Systems for Video Technology, IEEE Transactions on, 2011, 21(12): 1784–1794.

[80] Chen Q, Sun Q, Heng P A, et al. Two-stage object tracking method based on kernel and active contour[J]. Circuits and Systems for Video Technology, IEEE Transactions on, 2010, 20(4): 605–609.

[81] Ning J F, Zhang L, David Z B, et al. Joint registration and active contour segmentation for object tracking[J]. Circuits and Systems for Video Technology, IEEE Transactions on, 2013, 23(9): 1589–1597.

[82] Coifman B, Beymer D, McLauchlan P, et al. A real-time computer vision system for vehicle tracking and traffic surveillance[J]. Transportation Research: part C, Emerging Technologies, 1998, 6(4): 271–288.

[83] Chai Y, Hwang J, Chang K, et al. Real-time user interface using particle filter with integral histogram[J]. Consumer Electronics, IEEE Transactions on, 2010, 56(2): 510–515.

[84] Jang D, Choi H. Active models for tracking moving objects[J]. PATTERN RECOGNITION, 2000, 33(99): 1135–1146.

[85] Comaniciu D, Ramesh V, Meer P. Kernel-based object tracking[J]. Pattern Analysis and Machine Intelligence, IEEE Transactions on, 2003, 25(5): 564–577.

[86] Kim T, Lee S, Paik J. Combined shape and feature-based video analysis and its application to non-rigid object tracking[J]. Image Processing, IET, 2011, 5

(1) :87 – 100.

[87] Gennady E, Keane B P, Mettler E. Automatic feature-based grouping during multiple object tracking[J]. Journal of experimental psychology-human perception and performance, 2013, 39(6) :1625 – 1637.

[88] Zhu Y, Dariush B, Fujimura K. Kinematic self retargeting: A framework for human pose estimation[J]. Computer Vision and Image Understanding, 2010, 114(12) :1362 – 1375.

[89] Ong E, Gong S. The dynamics of linear combinations: tracking 3D skeletons of human subjects[C]. Image and Vision Computing. 2002:397 – 414(18).

[90] Cheung K, Baker S, Kanade T. Shape-from-silhouette across time part II: applications to human modeling and markerless motion tracking [J]. International Journal of Computer Vision, 2005, volume 63(3) :225 – 245(21).

[91] Essid H, Ben A A, Farah I R, et al. Spatio-temporal modeling based on hidden markov model for object tracking in satellite imagery[C]. Sciences of Electronics, Technologies of Information and Telecommunications (SETIT), 2012 6th International Conference on. IEEE, 2012:351 – 358.

[92] Catak M. A probabilistic object tracking model based on condensation algorithm[J]. Soft Computing, 2014, 18(12) :2425 – 2430.

[93] Ma L, Cheng J, Liu J, et al. Visual Attention Model Based Object Tracking [J]. Advances in Multimedia Information Processing-PCM 2010, 2010: 483 –493.

[94] Kyrki V, Kragic D. Tracking rigid objects using integration of model-based and model-free cues[J]. Machine Vision & Applications, 2011, 22 (2): 323 – 335.

[95] Nguyen N, Branzan-Albu A, LaurEndeau D. From Optical Flow to Tracking

Objects on Movie Videos[J]. Image Analysis and Recognition, 8th international

conference, ICIAR 2011, PT I, Lecture Notes in Computer Science, 6753:
426 –435.

[96] Chen Z, Cao J, Tang Y, et al. Tracking of moving object based on optical flow detection[C]. Computer Science and Network Technology (ICCSNT), 2011 International Conference on. IEEE, 2011:1096 – 1099.

[97] Chen E, Xu Y, Yang X, et al. Quaternion based optical flow estimation for robust object tracking[J]. Digital Signal Processing, 2013, 23(1):118 – 125.

[98] Sidram M H, Bhajantri N U. Exploitation of regression line potentiality to track the object through color optical flow[C]. Advances in Computing and Communications (ICACC), 2013 Third International Conference on. IEEE, 2013: 181 – 185.

[99] Salmane H, Ruichek Y, Khoudour L. Object tracking using Harris corner points based optical flow propagation and Kalman filter[C]. Intelligent Transportation Systems (ITSC), 2011 14th International IEEE Conference on. IEEE, 2011: 67 – 73.

[100] Jayabalan E, Krishnan A. Object detection and tracking in videos using snake and optical flow approach [J]. Communications in Computer and Information Science, 2011, 142:299 – 301.

[101] Wang X, Wang Y, Wan W, et al. Object Tracking with Sparse Representation and Annealed Particle Filter[J]. Signal, Image and Video Processing, 2014, 8(6):1059 – 1068.

[102] 何卫华. 人体行为识别关键技术研究[D]. 重庆:重庆大学,2012.

[103] Dargazany A, Nicolescu M. Human body parts tracking using torso tracking: applications to activity recognition[C]. Information Technology: New Genera-

tions, Third International Conference on. IEEE, 2012:646 – 651.

[104] Nakazawa A, Kato H, Inokuchi S. Human Tracking Using Distributed Vision Systems[C]. Pattern Recognition, International Conference on. IEEE Computer Society, 1998:593.

[105] Iwasawa S, Ebihara K, Ohya J, et al. Real-time estimation of human body posture from monocular thermal images[J]. Computer Vision and Pattern Recognition, 1997. Proceedings. , 1997 IEEE Computer Society Conference, 1997: 15 – 20.

[106] Cho N, Yuille A L, Lee S. Adaptive occlusion state estimation for human pose tracking under self-occlusions [J]. Pattern Recognition, 2013, 46 (3): 649 – 661.

[107] Eweiwi A, Cheema M S, Bauckhage C. Action recognition in still images by learning spatial interest regions from videos[J]. Pattern Recognition Letters, 2015:8 – 15.

[108] Leung M K, Yang Y. First sight: a human body outline labeling system[J]. IEEE Trans. on Pattern Recognition and Machine Intelligence, 1995, 17(4): 359 – 377.

[109] Huo F, Hendriks E, Paclik P, et al. Markerless human motion capture and pose recognition[J]. Image Analysis for Multimedia Interactive Services, International Workshop on, 2009:13 – 16.

[110] Huynh D, Bennamoun M, Sedai S. Context-based appearance descriptor for 3D human pose estimation from monocular images[C]. Digital Image Computing: Techniques and Applications, 2009. DICTA ´09. IEEE, 2009: 484 – 491.

[111] Leong I, Fang J, Tsai M. Automatic body feature extraction from a marker-

less scanned human body[J]. Computer-Aided Design, 2007, 39(7): 568 - 582.

[112] Li-ming X, Jin-xia H, Lun-zheng T. Human action recognition based on chaotic invariants[J]. 中南大学学报(英文版), 2013, 20(11): 3171 - 3179.

[113] Yu C, Chen Y, Cheng H, et al. Connectivity based human body modeling from monocular camera[J]. Journal of information science and engineering, 2010, 26(2): 363 - 377.

[114] Jaeggli T, Koller-Meier E, Gool L V. Learning generative models for multi-activity body pose estimation[J]. International Journal of Computer Vision, 2009, 83(2): 121 - 134.

[115] Xia L, Chen C, Aggarwal J K. View invariant human action recognition using histograms of 3D joints[J]. Conference on Computer Vision and Pattern Recognition, 2012: 20 - 27.

[116] 卢建国. 基于粒子滤波的视频目标跟踪算法研究[D]. 北京: 北京邮电大学, 2011.

[117] 张蕾, 宫宁生, 李金. 基于方向矢量的多特征融合粒子滤波人体跟踪算法研究[J]. 计算机科学, 2015, 42(2): 296 - 300.

[118] 李万益, 孙季丰, 王玉龙. 基于双隐变量空间局部粒子搜索的人体运动形态估计[J]. 电子与信息学报, 2014, 36(12): 2915 - 2922.

[119] 许瑞岳, 管业鹏. 基于空间虚拟墙的行人越界异常行为自动识别[J]. 光电子·激光, 2014, 25(12): 2355 - 2361.

[120] Zhang W, Shang L, Chan A B. A Robust Likelihood Function for 3D Human Pose Tracking[J]. Image Processing IEEE Transactions on, 2014, 23(12): 5374 - 5389.

[121] Kodagoda S, Sehestedt S. Simultaneous people tracking and motion pattern

learning [J]. Expert Systems with Applications, 2014, 41 (16):
7272 – 7280.

[122] Jigang Liu, Dongquan Liu, Justin Dauwels c, Hock Soon Seah. 3D Human motion tracking by exemplar-based conditional particle filter[J]. Signal Processing, 2015, 110:164 – 177.

[123] Zhou H, Fei M, Sadka A, et al. Adaptive fusion of particle filtering and spatio-temporal motion energy for human tracking[J]. Pattern Recognition, 2014, 47 (11):3552 – 3567.

[124] Naushad Ali M M, Abdullah-Al-Wadud M, Lee S. Multiple object tracking with partial occlusion handling using salient feature points[J]. Information Sciences, 2014:448 – 465.

[125] Sun L, Liu G, Liu Y. Multiple pedestrians tracking algorithm by incorporating histogram of oriented gradient detections[J]. Image Processing Iet, 2013, 7 (7):653 – 659.

[126] Ko, Byoung Chul, Kwak, Joon-Young, Nam, Jae-Yeal. Human tracking in thermal images using adaptive particle filters with online random forest learning [J]. Optical engineering. 2013, 52(11):1 – 15.

[127] 王法胜, 鲁明羽, 赵清杰等. 粒子滤波算法[J]. 计算机学报, 2014, 37(8).

[128] 王法胜, 李绪成, 肖智博等. 基于 Hamiltonian 马氏链蒙特卡罗方法的突变运动跟踪[J]. 软件学报, 2014, (7):1593 – 1605.

[129] 江晓莲, 李翠华, 刘锴等. 基于视觉显著性的 Wang-Landau 蒙特卡罗采样突变目标跟踪算法[J]. 厦门大学学报: 自然科学版, 2013, 52 (4):498 – 505.

[130] Zhang X, Li C, Hu W, et al. Human Pose Estimation and Tracking via Parsing a Tree Structure Based Human Model[J]. Systems Man & Cybernetics Sys-

tems IEEE Transactions on,2014,44(5):580 – 592.

[131] Noyvirt Alexandre,Qiu,Renxi. Human detection and tracking in an assistive living service robot through multimodal data fusion[J]. 2012 10th IEEE International Conference on Industrial Informatics (INDIN). 2012: 1176 – 1181.

[132] Yan X,Kakadiaris I A,Shah S K. Modeling local behavior for predicting social interactions towards human tracking[J]. Pattern Recognition,2014,47 (4):1626 – 1641.

[133] Chernozhukov V,Hong H. An MCMC approach to classical estimation[J]. General Information,2003,115(2):293 – 346.

[134] Maroulas V,Stinis P. Improved particle filters for multi-target tracking[J]. Journal of Computational Physics,2012,231(2):602 – 611.

[135] Poiesi F,Mazzon R,Cavallaro A. Multi-target tracking on confidence maps: An application to people tracking[J]. Computer Vision and Image Understanding,2013,117(10):1257 – 1272.

[136] Ristic B,Arulampalam S,Gordon N,Beyond the Kalman Filter:particle filters for tracking applications[J]. Artech House,Boston,2004.

[137] 马丽. 目标跟踪中的遮挡问题研究[D]. 济南:山东大学,2006.

[138] 赵龙,肖军波. 一种改进的运动目标抗遮挡跟踪算法[J]. 北京航空航天大学学报,2013,39(4):517 – 520.

[139] Zhang Z,Gunes H,Piccardi M. Tracking People in Crowds by a Part Matching Approach[C]. Advanced Video and Signal Based Surveillance,2008. AVSS ′ 08. IEEE Fifth International Conference on. IEEE,2008:88 – 95.

[140] 于晨. 基于模板匹配技术的运动物体检测的研究[D]. 重庆:重庆大学,2007.

［141］ Crandall D J,Owens A,Snavely N,et al. SfM with MRFs：Discrete-continu-ous optimization for large-scale structure from motion［J］. IEEE Transac-tions on Pattern Analysis and Machine Intelligence, 2013, 35（12）：2841－2853.

［142］ Nouwakpo S K,James M,Weltz M A,et al. Evaluation of structure from mo-tion for soil microtopography measurement［J］. The Photogrammetric Record,2014,29（147）:297－316.

［143］ Kaiser A,Neugirg F,Rock G,et al. Small-scale surface reconstruction and volume calculation of soil erosion in complex moroccan gully morphology using structure from motion ［J］. Remote Sensing, 2014, 6（8）：7050－7080.

［144］ Green S,Bevan A,Shapland M. A comparative assessment of structure from motion methods for archaeological research［J］. Journal of Archaeological Sci-ence,2014,46（2）:173－181.

［145］ Zappella L, Bue A D, Lladó X, et al. Joint estimation of segmentation and structure from motion［J］. Computer Vision and Image Understanding,2013,117（2）:113－129.

［146］ Crandall D J,Owens A,Snavely N,et al. SfM with MRFs：Discrete-Continu-ous Optimization for Large-Scale Structure from Motion［J］. IEEE Transac-tions on Pattern Analysis and Machine Intelligence, 2013, 35（12）：2841－2853.

［147］ Chaquet J M,Carmona E J,Fernández-Caballero A. A Survey of Video Data-sets for Human Action and Activity Recognition［J］. Computer Vision and Im-age Understanding,2013,117（6）:633－659.

［148］ I. Laptev,B. Caputo,Recognition of human actions,November 2011. http://

www. nada. kth. se/cvap/actions/.

[149] Schuldt C, Laptev I, Caputo B. Recognizing Human Actions: A Local SVM Approach[J]. Pattern Recognition, Icpr, Proceedings of International Conference on, 2004, 3:32 − 36.

[150] L. Gorelick, M. Blank, E. Shechtman, M. Irani, R. Basri, Weizmman actions asspace-time shapes, November 2011. http://www. wisdom. weizmann. ac. il/ vision/SpaceTimeActions. html.

[151] L. Zelnik-Manor, M. Irani, Weizmann event-based analysis of video, November 2011.

http://www. wisdom. weizmann. ac. il/ vision/VideoAnalysis/Demos/Event-Detec tion/EventDetection. html.

[152] Rodriguez M D, Ahmed J, Shah M. Action MACH a spatio-temporal Maximum Average Correlation Height filter for action recognition[J]. Conference on Computer Vision and Pattern Recognition, 2008:1 − 8.

[153] University of Central Florida, UCF aerial action dataset, November 2011. http://server. cs. ucf. edu/ vision/aerial/index. html.

[154] University of Central Florida, UCF aerial camera, rooftop camera and ground camera dataset, November 2011.

http://vision. eecs. ucf. edu/data/UCF-ARG. html.

[155] University of Central Florida, UCF sports action dataset, February 2012.

http://vision. eecs. ucf. edu/datasetsActions. html.

[156] University of Central Florida, UCF youtube action dataset, November 2011.

http://www. cs. ucf. edu/ liujg/YouTubeActiondataset. html.

[157] 宋爽,杨健,王涌天. 全局光流场估计技术及展望[J]. 计算机辅助设计与图形学学报,2014,26(5):841 − 850.

[158] Bobick A F, Davis J W. The recognition of human movement using temporal templates[J]. IEEE Transactions on Pattern Analysis & Machine Intelligence, 2001, 23(3):257 – 267.

[159] Shechtman E, Irani M. Space-time behavior based correlation[J]. IEEE Conference on Computer Vision & Pattern Recognition, 2005, 1:405 – 412.

[160] Ke Y, Sukthankar R, Hebert M. Spatio-temporal Shape and Flow Correlation for Action Recognition[C]. IEEE Conference on Computer Vision & Pattern Recognition. IEEE, 2007:1 – 8.

[161] Rodriguez M D, Ahmed J, Shah M. Action mach: A spatiotemporal maximum average correlaton height filter for action recognition[C]. Cvpr. 2008:1 – 8.

[162] Dollár P, Rabaud V, Cottrell G, et al. Behavior recognition via sparse spatio-temporal features[J]. In VS-PETS, 2005:65 – 72.

[163] Zhang Z, Hu Y, Chia S C A L. Motion Context: A New Representation for Human Action Recognition[J]. Computer Vision-Eccv, 2008:817 – 829.

[164] Blank M, Gorelick L, Shechtman E, et al. Actions as space-time shapes[C]. Tenth IEEE International Conference on Computer Vision-volume. IEEE, 2005:1395 – 1402.

[165] Yilma A, Shah M. Recognizing Human Actions In Videos Acquired By Uncalibrated Moving Cameras[J]. Proceedings, 2005, 1:150 – 157.

[166] Campbell L W, Bobick A F. Recognition of human body motion using phase space constraints [J]. International Conference on Computer Vision, 1995:624.

[167] Rao C, Shah M. View-Invariance in Action Recognition[J]. IEEE Conference on Computer Vision & Pattern Recognition, 2001, 2:316.

[168] Lu W, Little J J. Simultaneous Tracking and Action Recognition using the

PCA-HOG Descriptor[J]. International Conference on Computer & Robot Vision,2006:6.

[169] Bodor R,Jackson B,Papanikolopoulos N,et al. Vision-Based Human Tracking and Activity Recognition[J]. Proc. of Mediterranean Conf. on Control & Automation,2003:18 – 20.

[170] Messing R,Pal C,Kautz H. Activity recognition using the velocity histories of tracked keypoints[C]. International Conference on Computer Vision. IEEE, 2009:104 – 111.

[171] WangH,Klser A,Schmid C,et al. Action recognition by dense trajectories [C]. Conference on Computer Vision and Pattern Recognition. IEEE,2011: 3169 – 3176.

[172] Chomat O,Crowley J L. Probabilistic Recognition of Activity using Local Appearance[C]. IEEE Conference on Computer Vision & Pattern Recognition. IEEE Computer Society,1999:1 – 13.

[173] Irani M,Zelnik-Manor L. Event-Based Analysis of Video[J]. IEEE Computer Society Conference on Computer Vision & Pattern Recognition,2001,2:II-123 – II-130.

[174] Xiang T,Gong S,Bregonzio M. Recognising action as clouds of space-time interest points[C]. IEEE Conference on Computer Vision & Pattern Recognition. IEEE,2009:1948 – 1955.

[175] Rapantzikos K,Avrithis Y,Kollias S. Dense saliency-based spatiotemporal feature points for action recognition[C]. Computer Vision and Pattern Recognition,2009. CVPR 2009. IEEE Conference on. IEEE,2009: 1454 – 1461.

[176] Blank M,Gorelick L,Shechtman E,et al. Actions as space-time shapes[C]. Tenth IEEE International Conference on Computer Vision-volume. IEEE,

2005:1395 – 1402.

[177] Laptev I. On Space-Time Interest Points. IJCV [J]. International Journal of Computer Vision,2005,64(2 – 3):107 – 123.

[178] Niebles J,Wang H,Fei-Fei L. Unsupervised Learning of Human Action Categories Using Spatial-Temporal Words[J]. International Journal of Computer Vision,2008,79(3):299 – 318.

[179] Savarese S,DelPozo A,Niebles J C,et al. Spatial-Temporal correlatons for unsupervised action classification [C]. IEEE Workshop on Motion & Video Computing. IEEE,2008:1 – 8.

[180] Ryoo M S,Aggarwal J K. Spatio-temporal relationship match: Video structure comparison for recognition of complex human activities[C]. Computer vision, 2009 IEEE 12th international conference on. IEEE,2009: 1593 – 1600.

[181] Kim S J,Kim S W,Sandhan T,et al. View invariant action recognition using generalized 4D features[J]. Pattern Recognition Letters,2014:40 – 47.

[182] R. Hemati,Mirzakuchaki S. Using Local-Based Harris-PHOG Features in a Combination Framework for Human Action Recognition[J]. Arabian Journal for Science & Engineering,2014,39(2):903 – 912.

[183] Li Chuanzhen,Su Bailiang,Wang Jingling,Wang Hui,Zhang Qin. Human Action Recognition Using Multi-Velocity STIPs and Motion Energy Orientation Histogram[J]. Journal of information science and engineering. 2014,30(2): 295 – 312.

[184] Sekma M,Mejdoub M,Amar C B,et al. Spatio-temporal pyramidal accordion representation for human action recognition[C]. IEEE International Conference on Acoustics,Speech & Signal Processing. IEEE,2014:1270 – 1274.

[185] Golparvar-Fard M,Heydarian A,Niebles J C. Vision-based action recognition

of earthmoving equipment using spatio-temporal features and support vector machine classifiers[J]. Advanced Engineering Informatics, 2013, 27(4): 652 - 663.

[186] Zhu Y, Chen W, Guo G. Evaluating spatiotemporal interest point features for depth-based action recognition[J]. Image & Vision Computing, 2014, 32(8):453 - 464.

[187] Marín-Jiménez M J, Yeguas E, Blanca N P D L. Exploring STIP-based models for recognizing human interactions in TV videos[J]. Pattern Recognition Letters, 2013, 34(15):1819 - 1828.

[188] Harris C, Stephens M. A combined corner and edge detector[J]. Proc of Fourth Alvey Vision Conference, 1988:147 - 151.

[189] 虎雄林, 吴小平, 王彬等. 用相空间重建法研究武定地震序列[J]. 地震研究, 2004, 27(3):225 - 229.

[190] 沈宗庆. 混沌控制理论在船舶电力系统中的应用[D]. 武汉: 武汉理工大学, 2012.

[191] 王承飞. 基于相空间重构和神经网络的短期负荷预测[D]. 南昌: 南昌大学, 2103.

[192] Grassberger P, Procaccia I. Measuring the strangeness of strange attractors[J]. Physica D: Nonlinear Phenomena, 1983, 9(1 - 2):189 - 208.

[193] MB K, R B, HD. A. Determining embedding dimension for phase-space reconstruction using a geometrical construction. [J]. Phys Rev A, 1992, 45(6): 3403 - 3411.

[194] Cao L. Practical method for determining the minimum embedding dimension of a scalar time series[J]. Physica D, 1997, 110(1):43 - 50.

[195] Wang H, Yuan C, Luo G, et al. Action recognition using linear dynamic sys-

tems[J]. Pattern Recognition,2013,46(6):1710 – 1718.

[196] Hong-bin Tu, Li-min Xia. The approach for action recognition based on the reconstructed phase spaces[J], The scientific world Journal,2014(2014): 1 – 10.

[197] López-Méndez A, Casas J R. Model-based recognition of human actions by trajectory matching in phase spaces [J]. Image and Vision Computing,2012, 30(11):808 – 816.

[198] De Martino S, Falanga M, Godano C. Dynamical similarity of explosions at Stromboli volcano [J]. Geophysical Journal International, 2004, 157 (3): 1247 – 1254.

[199] I N, MH M, F. A. Using phase space reconstruction for patient indepEndent heartbeat classification in comparison with some benchmark methods. [J]. Comput Biol Med,2011,41(6):411 – 419.

[200] Takens F. Detecting strange attractors in turbulence[J]. Dynamical Systems and Turbulence,Springer-Verlag. 1981:366 – 381.

[201] 吴祥兴,陈忠. 混沌学导论. 上海:上海科学技术文献出版社,1996.

[202] Aydin I, Karakose M, Akin E. An approach for automated fault diagnosis based on a fuzzy decision tree and boundary analysis of a reconstructed phase space. [J]. ISA Transactions,2014,53(2):220 – 229.

[203] 丛蕊,刘树林,马锐. 基于数据融合的多变量相空间重构方法[J]. 物理学报,2008,57(12):7487 – 7493.

[204] 彭东亮. 基于内容和 GC-PLSA 模型的物品推荐[D]. 长沙:中南大学,2013.

[205] Hofmann T. Probabilistic latent semantic indexing[J]. In: Proc. Research and Development in Information Retrieval,1999:50 – 57.

［206］Hofmann T. Learning the similarity of documents：an information-geometric approach to document retrieval and categorization［J］. In：Leen，T. K. ，Dietterich，T. G. ，Tresp，V. （Eds. ），Advances in Neural Information Processing Systems，vol. 12. The MIT Press，2000：914 － 920.

［207］Hofmann T. Unsupervised learning by probabilistic latent semantic analysis ［J］. Machine Learning，2001，42（1 － 2）：177 － 196.

［208］Zhang J，Gong S. Action categorization by structural probabilistic latent semantic analysis［J］. Computer Vision and Image Understanding，2010，114 （8）：857 － 864.

［209］Zhang P，Zhang Y N，Thomas T，et al. Moving people tracking with detection by latent semantic analysis for visual surveillance applications［J］. Multimedia Tools and Applications，2014，68（3）：991 － 1021.

［210］Guo P，Miao Z，Shen Y，et al. Continuous human action recognition in real time［J］. Multimedia Tools and Applications，2012，68（3）：827 － 844.

［211］Li R T，Zhang C F，Zhong G H. A novel method of abnormal behaviors recognition［J］. Applied informatics and communication，PT I，Communi-cations in Computer and Information Science，2011，224：79 － 86.

［212］朱旭东，刘志镜. 基于主题隐马尔科夫模型的人体异常行为识别［J］. 计算机科学，2012，39（3）：251 － 255.

［213］谢飞. 基于主题模型的人物行为识别［D］. 苏州：苏州大学，2014.

［214］R Schank. Dynamic Memory ［M］. NewYork：Cambridge University Press，1982.

［215］Miyanokoshi Y，Sato E，Yamaguchi T. Suspicious Behavior Detection based on Case-Based Reasoning using Face Direction［J］. International Joint International on Sice-icase，2006：5429 － 5432.

［216］Park H W, Howard A M. Case-Based Reasoning for planning turn-taking strategy with a therapeutic robot playmate［J］. IEEE Ras and Embs International Conference on Biomedical Robotics and Biomechatronics, 2010, 28(1):40 - 45.

［217］Graf R, Deusch H, Fritzsche M, et al. A learning concept for behavior prediction in traffic situations［C］. IEEE Intelligent Vehicles Symposium. IEEE, 2013:672 - 677.

［218］张守川. 基于改进模糊案例推理算法的分类问题研究［D］. 华东理工大学, 2013.

［219］Niebles J C, Wang H, Fei-fei L. 1 Unsupervised Learning of Human Action Categories Using Spatial-Temporal Words［J］. In Proc. BMVC, 2008, 79(3): 299 - 318.

［220］Kong Y, Zhang X, Hu W, et al. Adaptive learning codebook for action recognition［J］. Pattern Recognition Letters, 2011, 32(8):1178 - 1186.

［221］Grigorios T, Aristidis L. The MinMax k-means clustering algorithm［J］. Pattern Recognition; 47 (2014):2505 - 2516.

［222］Driesen J, Van hamme H. Modelling vocabulary acquisition, adaptation and generalization in infants using adaptive bayesian PLSA［J］. Neurocomputing, 2011, 74(11):1874 - 1882.

［223］Bassiou N, Kotropoulos C. RPLSA: A novel updating scheme for Probabilistic Latent Semantic Analysis［J］. Computer Speech & Language, 2011, 25(4): 741 - 760.

［224］DD L, HS. S. Learning the parts of objects by non-negative matrix factorization.［J］. Nature, 1999, 401(6755):788 - 791.

［225］Atsumi M. Artificial Intelligence: Methodology, Systems, and Applications

［M］. Springer International Publishing,2014:1 – 12.

［226］夏利民,杨宝娟,蔡南平. 监控视频中基于案例推理的人体可疑行为识别
［J］. 小型微型计算机系统,2014,35(8): 1891 – 1896.

［227］Morariu V I,Davis L S. Multi-agent event recognition in structured scenarios
［C］. Computer Vision and Pattern Recognition (CVPR),2011 IEEE Confer-
ence on. IEEE,2011:3289 – 3296.

［228］K. S. Gayathri,Susan Elias,Balaraman Ravindran. Hierarchical activity recog-
nition for dementia care using Markov Logic Network［J］. Personal and ubiq-
uitous computing. 2015,19(2): 271 – 285.

［229］Cheng Guangchun,Huang Yan,Wan Yiwen. Exploring temporal structure of
trajectory components for action recognition［J］. international journal of intel-
ligent systems. 2015,30:99 – 119.

［230］Tran S D,Davis L S. Event modeling and recognition using markov logic net-
works［J］. IN ECCV,2008:610 – 623.

［231］Helaoui R,Niepert M,Stuckenschmidt H. A Statistical-Relational Activity
Recognition Framework for Ambient Assisted Living Systems［J］. Ambient
Intelligence and Future TrEnds-International Symposium on Ambient Intelli-
gence (ISAmI 2010),2010.

［232］Wan Y,Santiteerakul W,Cheng G,et al. A representation for human gesture
recognition and beyond［C］. 2013 Fourth International Conference on Compu-
ting,Communications and Networking Technologies (ICCCNT). IEEE Com-
puter Society,2013:1 – 6.

［233］M Richardson,P Domingos. Markov Logic Networks ［D］. Seattle,Washing-
ton,USA: Department of Computer Science and Engineering,University of
Washington,2004.

[234] Shu-yang S, Da-you L, Cheng-min S, et al. Survey of Markov Logic Networks [J]. Application Research of Computers, 2007, 24(2): 1 – 3.

[235] 李君峰. 基于视觉的人与人交互动作分析[D]. 北京: 北京理工大学, 2010.

[236] 张晓辉. 链接数据网构建的关键问题研究[D]. 北京: 北京工业大学, 2013.

[237] Wan Y, Santiteerakul W, Cheng G, et al. A representation for human gesture recognition and beyond[C]. 2013 Fourth International Conference on Computing, Communications and Networking Technologies (ICCCNT). IEEE Computer Society, 2013: 1 – 6.

[238] M. S. Ryoo, J. K. Aggarwal, UT-Interaction Dataset, ICPR contest on Semantic Description of Human Activities (SDHA), January 2012.
http://cvrc. ece. utexas. edu/SDHA2010/HumanInteraction. html.

[239] Standford University, Olympic sports dataset, January 2012.
http://vision. stanford. edu/Datasets/OlympicSports/.

[240] I. Laptev, Irisa download data/software, December 2011.
http://www. irisa. fr/vista/Equipe/People/Laptev/download. html.

[241] I. Laptev, Hollywood2: human actions and scenes dataset, November 2011.
http://www. irisa. fr/vista/actions/hollywood2/.